厉以宁　著

超越市场与超越政府

论道德力量在经济中的作用

（修订版）

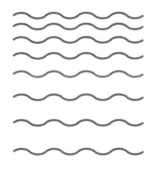

商务印书馆
The Commercial Press
创于1897

图书在版编目(CIP)数据

超越市场与超越政府:论道德力量在经济中的作用/
厉以宁著.—修订版.—北京:商务印书馆,2023
ISBN 978-7-100-22090-3

Ⅰ.①超… Ⅱ.①厉… Ⅲ.①道德—关系—经
济发展—研究 Ⅳ.①B82-053

中国国家版本馆 CIP 数据核字(2023)第 043364 号

超越市场与超越政府
——论道德力量在经济中的作用
(修订版)
厉以宁 著

商 务 印 书 馆 出 版
(北京王府井大街36号 邮政编码100710)
商 务 印 书 馆 发 行
北京通州皇家印刷厂印刷
ISBN 978-7-100-22090-3

2023 年 5 月第 1 版　　　　开本 880×1230 1/32
2023 年 5 月北京第 1 次印刷　　印张 9½
定价:68.00 元

修订版前言

这是一部讨论道德力量在经济中的作用的著作。

不久以前，曾经有一些学生问我："在您已经出版的若干部著作中，能告诉我们哪三本书是您认为最能反映自己学术观点的代表作？"我的回答是这样三本书：《非均衡的中国经济》（经济日报出版社 1990 年版，广东经济出版社 1998 年版，中国大百科全书出版社 2009 年版，被评为"影响新中国经济建设的 10 本经济学著作"之一）；《超越市场与超越政府》（经济科学出版社 1999 年版，获得"2003 年第五届国家图书奖提名奖"）；《资本主义的起源》（商务印书馆 2003 年版，获得"2007 年中国出版政府奖图书奖提名奖"、"2007 年中国出版集团图书奖荣誉奖"）。

《超越市场与超越政府》一书有一个副标题"论道德力量在经济中的作用"，初版于 1999 年，距今已经 10 年。我作了一些修改、补充，现在准备出修订版。

为什么这本书以《超越市场与超越政府》命名？当时主要是考虑到以下四个方面：

第一，书中提出，在市场尚未形成与政府尚未出现的漫长岁月里，那时既没有市场调节，也没有政府调节，习惯与道德调节是这一漫长时间内唯一起作用的调节方式。不仅远古时期的情况是如此，即使在近代社会，在某些未同外界接触或同外界接触不多的部落里，在边远的山村、孤岛上，甚至在开拓荒芜地带的移民团体中，市场调节不起作用，政府调节也不起作用，唯有习惯与道德调节才是在社会经济生活中起作用的调节方式。因此，完全有理由把习惯与道德调节称做超越市场与超越政府的一种调节。

第二，书中提出，在市场调节与政府调节都能起作用的范围内，由于市场力量与政府力量全都有局限性，所以这两种调节之外会留下一些空白。当然，在某些情况下，政府调节可以弥补市场调节的局限性；在另一些情况下，市场调节也可以弥补政府调节的局限性。但政府调节是不可能完全弥补市场调节的局限性的，正如市场调节不可能完全弥补政府调节的局限性一样。一个明显的例子就是：由于人是"社会的人"，人不一定只从经济利益的角度来考虑问题和选择行为方式，人也不一定只是被动地接受政府的调节，所以市场调节与政府调节都难以进入到人作为"社会的人"这个深层次来发挥作用。市场调节与政府调节留下的空白只有依靠习惯与道德调节来弥补。从这个意义上说，习惯与道德调节是超越市场与超越政府的一种调节。

第三，书中提出，社会生活是一个广泛的领域，其中一部分是交易活动，另一部分是非交易活动。在交易活动中，市场调节起着基础性调节的作用，政府调节起着高层次调节的作用。而在非交易活动中，情况便大不一样了。由于这些活动是非交易性质的，所以不受市场规则的制约，市场机制在非交易活动中是不起作用的。至于政府调节，则只是划定了非交易活动的范围，使它们不至于越过边界，而并不进入非交易活动范围之内进行干预。这样，非交易活动就要由市场调节与政府调节之外的道德力量来进行调节。

第四，书中提出，在市场出现与政府形成之后，由于种种原因，市场可能失灵，政府可能瘫痪，市场调节与政府调节都有可能不发生作用或只发生十分有限的作用。但即使在这些情况之下，习惯与道德调节也依然存在，并照常发生作用。这又是可以把习惯与道德调节称做超越市场与超越政府的调节的理由之一。

以上就是本书以《超越市场与超越政府》为书名的依据。

接着需要说明的是，习惯与道德调节是介于市场调节与政府调节之间的。市场调节被称做"无形之手"，政府调节被称做"有形之手"，习惯与道德调节介于"无形之手"与"有形之手"之间。在习惯与道德调节的约束力较强时，它接近于政府调节；而在其约束力较弱时，又接近于市场调节。那么，为什么习惯与道德调节的约束力有时较强，有时却较弱呢？这主要取决于两个因素：

一是习惯与道德调节是否已经成为一种被群体内的各个成员认同的约定或守则。如果它已经成为各个成员认同的约定或守则，约束力就较强，否则就较弱。比如说，乡规民约是一个群体的所有成员共同约定的，成员们就有遵守的义务，这时，体现于乡规民约中的习惯与道德调节就会有较强的约束力。

二是群体的各个成员对群体的认同程度的高低。如果成员对群体的认同程度较高，习惯与道德调节的约束力就较强；否则就较弱。不妨仍以乡规民约为例。乡规民约是某一群体的成员所制定的，如果该群体的成员对群体的认同程度较高，他们遵守乡规民约的自觉性较高，从而乡规民约对成员行为的约束力也就较强。

当然，即使习惯与道德调节在某些场合的约束力较小，这也并不意味着习惯与道德调节不起作用，而且，也不是任何情况下习惯与道德调节的约束力越强越好。这是因为，习惯与道德调节的形式多种多样，乡规民约这种形式下的习惯与道德调节一般会有较强的约束力，而自律这种形式下的习惯与道德调节虽然没有什么约束力，但却经常发挥作用，对个人的行为产生影响。

从社会发展的趋势来看，由习惯与道德调节起主要作用的非交易领域内的活动有可能不断增多。这是一个值得注意的现象。历史上，在生产力发展水平极低的时候，交易领域几乎不存在，那时非交易领域几乎覆盖全部社会经济生活。以后，随着生产力的发展，交易领域逐渐扩大，非交易领域则相应地逐渐缩小。而在生产力发展水平大大提高以后，非交易领域在社会经济生活中所占的比例又会逐渐增加。也就是说，在经济高度发展之后，随着人均收入的增长，人们的需要也将随之发生由较低层次向较高层次的转变，人们的价值观念必然相应地发生变化，包括对利益的看法、对职业的看法、对生活方式和生活本身的看法、对家庭和子女的看法、对人与人之间关系的看法、对物质财富和精神享受的看法等，都处于不断变化之中。于是非交易领域的活动也将随着国民收入和个人可支配收入上升到一个新阶段之后而增多，非交易领域内的各种关系也会因此而得到发展。这是社会经济发展的必然趋势。习惯与道德调节既然在非交易领域内起着主要作用，那么显而易见，随着非交易领域的不断扩大，习惯与道德调节在社会经济生活中的作用也将越来越突出。

过去，如果说超越市场和超越政府的道德调节还只是哲学界、经济学界、社会学界的专业人士感兴趣和不断探讨的问题，我希望今后更多的非专业人士能认真思考道德调节超越市场和超越政府的作用。

关于道德力量在经济中的作用，本书将分七章对其加以论述。虽然迄今为止，学术界对习惯与道德调节的探讨远远不够，而且在社会经济生活中（包括交易领域和非交易领域），人们对习惯与道德调节的重视程度也远远不够，但我深信，这种情况以后是会改变的。我撰写这本著作的主要目的，就是希望我的论述能够引起社会各界的重视，大家一起来加强这方面的研究工作，并让习惯与道德调节的作用发挥得更加充分。

厉以宁

2009 年 10 月

目　　录

第一章　习惯与道德调节问题的提出

第一节　历史的回顾

一、习惯与道德调节的含义

在讨论习惯与道德调节的含义及其在历史与现实生活中的作用时，有必要先从资源配置问题谈起。

人们常常问道：经济学究竟是研究什么的？为什么要研究经济学？不同的学派会有不同的回答。但无论怎样回答，学者们总离不开这样一种思路：经济学是研究资源配置的，研究经济学是为了使有限的资源被用于最合理、最有效的方面，以便增加社会总的财富，使社会日益富裕。有些学者再深入一步，作出这样的解释：研究经济学，是为了寻找一种令人满意的机制，以便合理利用资源，有效配置资源，既能增加社会财富，又能使财富或收入的分配趋于公平，因此，经济学是研究资源配置及其机制的科学。

在经济学中，历来有关资源配置机制的研究有两种趋向。一种趋向是：认为市场机制能够合理地、有效地配置资源，资源配置学说无非是一种通过市场对经济自发进行调节的学说。另一种趋向是：认为市场机制在资源配置方面具有相当大的局限性，如资源利用率低、资源配置不合理、收入分配失调等，因此要以政府调节（或计划调节）来取代市场机制，至少应用政府调节来纠正市场机制的局限性。上述两种趋向是基本的趋向，介于两者之间的是这样一些观点：或者认为市场调节与政府调节应当并重；或者认为市场调节应当为主、政府调节应当为辅；或者认为政府调节应当为主、市场调节应当为辅。总之，从经济学中有关资源配置机制的研究状况可以看出，社会经济生活中两种调节（市场调节和政府调节）的存在是被公认的、没有疑问的。问题只是在于各派对市场机制在资源配置中的作用估计程度的分歧，以及对政府调节在资源配置中的作用估计程度的分歧。

市场调节与政府调节是两种不同的资源配置方式。实际上，自从有了市场和政府以后，社会经济生活中就不存在唯一依靠市场调节或唯一依靠政府调节的问题。在市场经济条件下，比较符合实际的说法是：市场对资源配置的调节是基础性调节，政府对资源配置的调节是高层次的调节。无论是市场调节还是政府调节，都对整个社会经济活动发生影响，即只要存在交易活动，市场机制就会时时处处起作用；只要存在着政府，政府也会对这些交易活动进行直接或间接的管理，或进行指导，使之既符合政府预定的目标，又不至于越过政府规定的范围。正由于在市场经济中市场调节是一种基础性调节，所以可以把市场调节称做第一次调节；由于政府调节是一种高层次调节，所以可以把政府调节称做第二次调节。

现在我们准备探讨的是：难道社会经济生活中只有市场调节与政府调节这两种调节？在市场调节与政府调节这两种调节之外，还有没有另外的调节，或称之为第三种调节？如果社会经济生活中存在着第三种调节，那么它究竟是什么？

正如前面已经谈过的，无论是市场调节还是政府调节，都是指资源按照什么样的机制在进行配置，也就是说，社会经济生活遵循什么样的资源配置原则在运行。我们不妨设想一下，人类社会的产生已经有多少万年了，市场的出现大概是几千年前的事情，政府的形成要晚于市场的出现，至多也不过几千年。没有市场，就不会有市场调节；没有政府，也不会有政府调节。既然人类社会的历史悠久，市场的出现要晚得多，政府的形成更晚，那就要问一句：在市场调节与政府调节出现之前的漫长岁月里，人类社会经济是如何运行的？资源是如何配置的？在远古时代，既没有市场调节（因为那时还没有市场），又没有政府调节（因为那时还没有政府），在资源配置方面是不是还存在着市场调节与政府调节之外的另一种调节？否则人类社会如何能存在并延续下来？

具体地说，物物交换最初出现于部落与部落之间，这也许可以被称为萌芽状态中的市场自发调节，那时，国家还没有形成，政府也还没有成立，所以也就谈不上什么政府对资源配置的管理或调节。试问，在交换出现以前的长时间内，以及在部落与部落之间的交换出现之后的一个部落内部，支配着人与人之间或部落内部的资源配置的，既不可能是市场力量，也不可能是政府力量，那又是什么呢？只能是一种习惯力量或道德力量。习惯力量或道德力量形成一种文化传统，被人们普遍认同并且共同遵守，人们依靠这种文化传统来调整彼此之间的关系，处理彼此之间的关系。人们的行为在习惯力量或道德力量形成的文化传统影响下，逐渐有序，逐渐规范化，哪怕在远古时期，也是如此。比如说，远古时期，一个部落内部的成员是如何进行生产活动的？各人担负什么样的工作，应

3

当尽哪些义务，享有哪些权利？这只可能以习惯力量或道德力量为依据。又如，在一个部落内部，在人与人之间，生活资料是怎样分配的？特别是在食物十分短缺的情况下，部落内部如何进行食物分配？这也只可能按照习惯与道德原则来调节。当时，假定人们违背已经形成的传统，人们的行为不规范，资源的配置紊乱无序，那只会引起部落内部的不稳定，破坏人们所接受的秩序，结果将造成一场灾难。

由此可见，按习惯力量或道德力量进行的调节，就是超越市场调节与政府调节的另一种调节，可以称之为第三种调节。由于生产要素是按照习惯方式提供的，生产要素的使用是按照习惯方式进行的，生产的成果也按照习惯方式分配，所以理所当然地称做习惯调节。习惯来自传统，来自群体的认同，而群体认同的基础是道德信念、道德原则，道德支持了习惯的存在与延续，因此，习惯力量的调节与道德力量的调节是不可分的。可以把两者结合在一起，合称为习惯与道德调节。

已故英国著名经济学家约翰·希克斯（John Hicks）在所著《经济史理论》一书中，使用了"习俗经济"一词，他认为这是最早的非市场经济模型。他指出："新石器时代的或中古初期村社的经济以及直到最近在世界许多地区仍残存的部落共同体的经济，都不是由它的统治者（如果有的话）组织的，而是建立在传统主体上的。个人的作用是由传统规定的，而且一直如此。"①根据希克斯的论述，在"习俗经济"中，"人们的许多古老方式不大受外来压力的干扰。他们的经济可以运行，因为每一个成员都在完成指定给他

---

① 约翰·希克斯，《经济史理论》，厉以平译，商务印书馆1987年版，第15页。

的任务，包括由他在指定的范围内作出决定；几乎从来不必从'中心'作出凌驾一切的决定"。① 这种"习俗经济"是能够自我调整，以维持均衡状态的。希克斯写道："一旦这种系统达到了均衡状态，它就能长期持续，无需改组——无需作出组织方面的新决定。普通的紧急情况，比如作物歉收或'平常的'敌人来犯，都不需要新的决定；可以把应付这些情况的办法并入传统的章程之中。只要这种均衡状态持续下去，说不定连行使最高权力的机构都不需要。"② 可以肯定地说，希克斯笔下的"习俗经济"，就是唯一依靠习惯与道德力量来进行调节的经济。

后来，市场出现了，政府也形成并发挥作用了，习惯与道德调节是否因市场调节、政府调节的出现而消失了呢？事实并非如此。已经出现的市场调节与政府调节，既是对久已存在的习惯与道德调节的某种程度的替代，也是对习惯与道德调节发挥作用的范围的一种限制。即使如此，习惯与道德调节在社会经济生活中的作用只是缩小了范围，降低了在调节方面的重要程度，但从未消失过。在市场力量与政府力量都调节不到的领域内，习惯力量、道德力量的调节依然起着主要作用。例如，在偏僻的小山村、在孤岛上、在荒原上，那里还有人居住、生活、劳动。市场力量达不到那里，政府力量也达不到那里，而人们不仅在那里生存了下来，而且繁衍了后代。正是习惯与道德力量的调节使当地的生产和生活持续进行着。

可以得出一个初步的结论：习惯与道德调节是在市场调节与政府调节出现以前唯一起调节作用的调节方式，也是在市场力量与政

---

① 约翰·希克斯，《经济史理论》，厉以平译，商务印书馆 1987 年版，第 14 页。
② 同上书，第 14—15 页。

府力量达不到的领域内唯一起调节作用的调节方式。

二、市场调节、政府调节、习惯与道德调节的并存

市场和政府出现以后，在市场调节与政府调节都起着作用的场合，习惯与道德调节也可能同时发挥自己的作用，于是就形成了市场调节、政府调节、习惯与道德调节三者并存，共同发挥调节作用的格局。

西欧中世纪城市的社会经济生活是一个典型的例子。

在西欧，大约从公元 10 世纪起，原来衰落不堪的一些古代城市开始复兴，旧城市的废墟上又盖起了新的房屋，形成新的居民区，或者沿着旧城市的边缘，兴起了新的工商业区，它们渐渐同旧城市连成一片。更重要的是，出现了一批新的中世纪城市。无论是复兴了的旧城市还是新出现的城市，它们在政治意义和经济意义上都不同于西欧古代的城市，它们是作为农奴制度的对立物而产生和发展的，它们成为逃亡农奴的避难所和安身立命之地。来到城市的农奴，不少人成了手工业者。这些城市手工业者的组织是行会，参加行会的是各个手工作坊的主人，又称行东或师傅。当时，手工作坊的产品在市场上销售，它们的原材料来自市场，原材料的购进和产品的销售都受到市场的调节。城市的管理部门即市政当局，对市场和手工作坊的生产经营活动，有一系列规定，包括产品价格、营业时间、借贷利率等，这是政府调节行为的表现。但行会自身也有不少规定。例如，有的城市中的行会规定了每个手工作坊的帮工和学徒的最高限额，通常是少数帮工和少数学徒，超过限额要取缔。有的城市中的行会规定，一个行东只准拥有一个作坊。还有的城市中

的行会连作坊内生产设备的数目也作了限制，如烘面包业规定作坊内烘炉的数量，织布业规定作坊内织布机的数量等。有的行会还禁止开设地下作坊，不准把生产设备藏在别人家里偷偷地生产，生产设备只准自己使用而不得出租。此外，有的行会规定，手工作坊家庭成员参加生产的范围应有所限制，比如家庭成员仅限于行东的儿子、兄弟和侄子，不得把更多的亲戚包括在内，否则就等于变相雇工了。行会所作出的上述规定或限制，都是为了在西欧中世纪城市发展初期维护行业自身的稳定，不让任何一家手工作坊的规模扩大到足以挤垮其他作坊的程度。从性质上说，行会的规定是以成员所认同的传统为基础的，这既不属于市场调节，也不属于政府调节，而是一种习惯与道德力量的调节。习惯与道德调节在这些西欧中世纪城市中是同市场调节、政府调节并存且共同起作用的。

近代西方国家中的一些农民团体的活动，可以被看成是市场调节、政府调节、习惯与道德调节三者并存的又一例证。在一些西方国家，由于市场的发展日益完善，农户们是为市场而进行生产的，农户种植什么作物、饲养什么禽畜、按什么价格销售，都接受市场的调节。市场价格的波动关系到每一个农户的生产和经营。政府对于农产品的价格变化和农产品过剩或短缺的程度是关心的，政府在必要时采取不同的手段来调节农产品市场，以保证农户的一定收入或维持农产品价格的一定水平。政府调节的作用是不容忽视的。但在市场调节与政府调节起作用的同时，农户自己也建立了各种团体，这些团体的宗旨在于保障农户的利益，减少因市场情况的变化而可能造成的损失，此外，对于政府的某些被认为对农户的发展不利的措施进行抗争，等等。农户参加这类团体之后，要遵守团体的有关规定，团体也为保护成员的权益进行工作。农户对团体有关规定的遵守，团体对参加者的行为的约束，就属于习惯与道德调节。近代西方国家农户们的社会经济活动，正是在市场调节、政府调节、习惯与道德调节三者共同起作用的环境中进行的。

在市场调节、政府调节、习惯与道德调节共同起作用的场合，习惯与道德调节作用的强弱并不一定取决于市场调节、政府调节的作用的强弱。三者之间的关系是复杂的，很难用"此强则彼弱，此弱则彼强"的模式来概括。当然，不排除下述情况的一再出现，即在市场调节与政府调节所起的作用较弱的场合，习惯与道德调节的作用会增强，以填补市场调节与政府调节的不足。这里可以举两个例子来说明。

一个例子是，历史上，在新开发地区的移民社会中，由于市场调节与政府调节都还没有发挥应有的作用，这时主要依靠移民的传统，即习惯与道德力量来进行资源配置的调节。新教徒在北美的早期开发活动中，习惯与道德力量所起的调节作用恰恰填补了当时因缺少市场调节或政府调节而留下的空缺。这是"市场调节弱或政府调节弱而习惯与道德调节强"的例证。类似的例证在中国历史上也可以发现很多。南北朝时期、唐朝末年和五代十国时期，中原居民一批批南下福建、广东，家族聚居，自成村落，南下的中原居民保存了自己的文化传统，在新的地区开始了新的事业。市场调节与政府调节在这些地区都是不充分的，习惯与道德调节起着支配南下移民们的社会经济生活的作用，也反映了一种由习惯与道德力量所形成的文化传统及其顽强的生命力。移民之所以能在战乱中不顾艰难险阻，举族南迁，并重振家园，开拓进取，有赖于一种超越市场与超越政府的力量，即习惯与道德力量。

另一个例子是，历史上，自从市场出现和政府形成之后，有过许多次大动乱，如外族入侵、农民起义、诸侯割据、军阀混战等。中国民间流传着两句话，叫做"小乱居城，大乱居乡"。小乱时，乡下的人不少跑到城里去避难。这是为什么？因为城里一般有兵把守，治安比较好，说明政府的管理与调节在城里仍然起着作用，城里的社会经济秩序得以维持。大乱时，城里的人为什么纷纷到乡下去避难呢？而且往往到很偏僻的乡村或大山沟里去避难？这是因为，城市通常是兵家必争之地，战火激烈，甚至会被包围，断粮断水，住在城里难逃一劫，这说明政府的力量连城里的正常秩序都维持不下去了，人们只好往乡下躲，逃离城市越远越好。在这样的大动乱年代，市场交换停顿了，市场调节起不了什么作用；至于政府，这时已瘫痪了，政府调节已失灵了。但在远离城市的偏僻的山沟里、小村寨里，仍有人居住、生产、生活，这里的社会经济是如何运行的呢？资源是如何配置的呢？靠的正是市场调节与政府调节以外的力量，即习惯与道德力量。习惯与道德调节在大动乱的年代维持着社会经济的秩序，使人们得以生存和繁衍。这也可以说明习惯与道德调节的作用是在市场调节与政府调节的作用减弱之后增强的。

然而正如前面所说，市场调节、政府调节、习惯与道德调节三者之间的关系是复杂的。不仅存在着"此强彼弱，此弱彼强"的情况，而且还存在着"此弱彼也弱，此强彼也强"的情况。比如说，在某些场合，如果市场发育不良，市场机制不完善，市场调节在资源配置中的作用是受限制的，这表明市场调节的作用弱；与此同时，如果政府对于社会经济秩序的维持，或者缺乏一定的规则，或者不认真执行这些规则，或者对于违背这些规则的行为不闻不问、听之任之，从而政府调节在资源配置中的作用是有限的，这表明政府调节的作用弱。但是，在市场调节作用和政府调节作用都弱的情况下，习惯与道德调节作用究竟是弱还是强，不可一概而论，要根据具体情况才能作出分析。

应当指出，习惯是大多数人认同并遵循的，道德是一种信念，是一种待己、待人、处世的原则。要让习惯与道德调节在社会经济生活中起重要作用，应以大多数人对习惯的认同和遵循、对一定的道德信念和原则的信奉与坚持为前提。在市场调节作用和政府调节作用都弱的条件下，如果社会上大多数人不以某种传统所形成的习惯为然，即对此缺少认同，那就更谈不上对此的遵循；如果社会上大多数人缺乏一定的道德信念，也不去坚持一定的道德原则，那么习惯与道德调节的作用就不可能明显，于是就会形成市场调节、政府调节、习惯与道德调节都弱的格局。这种情况下的社会经济秩序必定混乱不堪，资源配置必然在无序中低效率地，甚至负效率地进行。反之，尽管客观上市场调节作用弱，政府调节作用也弱，但只要人们遵循传统所形成的习惯，信奉并坚持一定的道德信念和道德原则，习惯与道德调节就能在社会经济生活中发挥应有的作用，并可以填补因市场调节与政府调节不足而留下的空白。前面提到的历史上某些移民社会的发展，就是市场调节与政府调节虽弱，但习惯与道德调节作用却强的例证。

这说明：习惯与道德调节作用的强弱不一定与市场调节、政府调节的弱或强有直接的联系，而在很大程度上取决于人们主观上的努力程度，取决于人们是否重视并积极发挥习惯与道德调节的作用。

同样的道理，在市场调节作用得到充分发挥时，在政府认真地执行高层次调节任务时，习惯与道德调节究竟能起多大的作用，习惯与道德调节的作用究竟是弱还是强，也要根据具体情况而定。前面已经谈到，自从市场出现和政府形成以后，由于市场调节与政府调节发挥了作用，所以习惯与道德调节的范围要比市场出现和政府形成以前缩小了。本来由习惯与道德调节起支配作用的领域，不少由市场调节或政府调节来替代。但要指出的是：习惯与道德力量的调节范围的缩小同习惯与道德调节作用的强弱并不是一回事。在市场调节与政府调节都能充分发挥应有的作用的大环境中，只要人们重视并注意发挥习惯与道德调节的作用，习惯与道德调节的作用就显著，效果就好。事在人为，千真万确。关于这些，留在本书以下各章中再详加阐述。

第二节　非交易领域

一、非交易领域内的各种关系

在第一节，我们主要阐明这样一个问题：从历史上看，社会经济生活中的确存在着市场调节与政府调节以外的第三种调节，即习惯与道德调节。习惯与道德调节作用或强或弱，其效果或明显或不明显，关键在于人们是否重视习惯与道德调节，是否注意发挥它的作用，换言之，关键在于人们主观上努力与否。

在这一节，我们将转入非交易领域内的各种关系的分析。

在社会经济生活中，交易领域与非交易领域并存。在交易领域内，市场规则起着作用，市场机制调节着资源的配置，政府指导市场，管理市场，对市场调节的局限性加以弥补，对市场的缺陷进行纠正。市场调节作为基础性调节，政府调节作为高层次调节，是就交易领域而言的。

而在非交易领域内，则是另一种情况。既然是非交易领域，市场规则是不起作用的，市场机制也进入不了这个领域。同时，由于不存在市场调节这样的基础性调节，政府调节在这里所起的作用也就不同于交易领域了。

为了更好地说明非交易领域的特点，让我们先着手讨论人的需要、人的行为、人与人之间的关系。现实生活中的人，是"社会的人"，是一个生活在人群之中的人，他有自己的需要、自己的追求、自己的抱负，以及自己的喜怒哀乐。他同别人接触、往来，他有自己的亲戚朋友、同乡同事。他在社会交往中，要考虑各种各样的关系，要遵守社会中习惯形成的约束。他会受到周围环境的影响，他也会影响别人。他会听从别人的劝说，他也会劝说别人。特别是，他的经历仍在变动之中，他的情绪也会有波动，他的思想方式不是固定不变的。他正是这样一种"社会的人"，在交易领域内是这样，在非交易领域内更是这样。因此。对非交易领域内各种活动和各种关系的研究，从某种意义上说，就是对无数个"社会的人"以及由他们组成的各种各样的群体的研究。

非交易领域不仅存在着，而且占据了社会经济生活中相当大的份额。美国经济学家肯尼思·包尔丁（Kenneth Boulding）曾经指出，以价格为中心的交换经济远远不能包括人类社会的全部经济活动，除了交换经济而外，还存在着一种"赠与经济"，即不通过交换而通过赠送产生的经济。据包尔丁的解释，"赠与经济"有三个来源：一是出于"爱"，二是出于"害怕"，三是出于"无知"。[1]

---

① 包尔丁等："赠与经济学简论"，载费尔斯 (R.Fels) 和西格弗里德编，《经济学的最新进展》，伊利诺伊州霍姆渥德，1974 年版，第 183 页。

什么是由"爱"产生的"赠与"？这是因为，人与人之间存在着亲属关系或其他密切的关系，赠与者出于"爱"，自愿地把财产或收入的一部分或全部赠送给被赠与者。这种赠送同以价格为中心的交换经济无关。

什么是由"害怕"产生的"赠与"？比如说，一个人被强盗拦住了，强盗索取的是财物，于是这个人只好在"要命还是要钱"两者之间作出选择，乖乖地把财物交给强盗。这也是一种赠与，但这是出于"害怕"而产生的"赠与行为"。

什么是由"无知"产生的"赠与"？包尔丁举例说，假定交易双方进行的是一种不等价的交换，较强的一方利用自己的优势，在交易中占了便宜，较弱的一方则由于自己"无知"而在这场不等价交换中吃了亏。这同样相当于赠送，因为较弱一方是"无知"的。这显然不同于交换经济中的情况。

包尔丁由此认为，"赠与经济"与交换经济不一样，传统的经济学只适宜分析交换经济中的现象，而解释不了"赠与经济"中的现象。

包尔丁的上述论述不是没有道理的，"赠与经济"的提出有启发性。但我们很难把非交易领域内的关系与活动简单地归结为"赠与"。准确地说，社会经济生活可以分为交易领域和非交易领域。如果把它分为交换经济与"赠与经济"，那就不够完整了，因为交易领域与交换经济是一致的，而非交易领域内的问题则要比"赠与"复杂得多，非交易领域内的关系要比"爱""害怕""无知"所造成的关系复杂得多。在非交易领域内，存在着多种多样的关系和活动。例如，家庭内部关系、家族内部关系、亲戚关系、街坊邻居之间的关系、同乡关系、同学关系、师生关系、朋友关系等，都不属于交易关系，也不是用"爱""害怕"或"无知"就能概括的。又如，学术活动、社交活动、联谊活动、公益活动等，一般都是非交易性质的，同样难以包含在"爱""害怕""无知"所产生的活动范围之内。因此，用非交易领域内的各种关系和活动，要比采用"赠与"一词更为准确。

非交易性质的关系和活动，是不在市场调节之列的。这些关系和活动不按照市场规则进行，市场机制也就不介入非交易领域。至于政府的调节，则主要为非交易领域内的关系和活动划定边界，即所有这些关系和活动，都不得越过法律所划定的边界，不得同法律相抵触。超越了法律划定的边界是违法行为，要被追究。但非交易领域内的这些活动是如何进行的，这些关系是如何处理的，政府并不介入，而让习惯与道德力量在这里起主要作用。这就是非交易领域与交易领域的一个重要的区别。

二、非交易领域内个人行为的合理性问题

社会是无数个个人组成的。人与人之间有交往，有冲突。各人有各人的目标。具有重要意义的是如何使一个人的目标与另一个人的目标不冲突。假定为了实现一个人的目标而不得不使另一个人的目标受到损害，那就要探讨这个人或那个人的行为的合理性以及他们各自的目标的合理性。行为的合理与否和目标的合理与否都不仅是指经济活动方面的，而且也包括社会活动方面的。不仅如此，一个人经济活动方面的行为合理或目标合理，有可能同他在社会活动方面的行为合理或目标合理一致，也有可能从社会活动方面来看是不合理的或不尽合理的。所以，人作为"社会的人"，在行为和目

标上不能不同时考虑经济与社会这样两个方面的合理与否。在讨论非交易领域内的关系和活动时，为什么要提出这个问题？因为这涉及市场调节与政府调节的局限性，以及习惯与道德调节的有效程度问题。

如果个人的行为与社会规范一致，个人的目标符合于社会发展的目标，那当然是社会所期望的。如果个人的行为与社会规范并不一致，但这种不一致还不至于影响到社会经济的正常运行，不会损害社会发展目标的实现，那么这种不一致并不需要社会加以调节。如果个人的目标虽然并不符合社会发展目标，但只要这既不会损害其他人的利益，也不会妨碍其他人去实现自己的目标，那么这种不一致同样不需要社会加以调节。只有在个人行为和个人目标与社会规范和社会发展目标，以及其他人的利益不一致而又超过上述限界时，才需要由社会来加以调节。交易领域内的调节比较简单，在市场调节的基础上由政府进行调节，大体上可以使个人行为与目标同社会规范协调一致，习惯与道德调节在交易领域内可以起到补充作用。而非交易领域内的调节要复杂些。正如前面所指出的，非交易领域内的关系和活动与市场机制无关，因此谈不上什么市场调节，而政府调节则是划定限界，让所有的关系和活动不得超过法律规定的范围，政府并不深入到非交易领域之内去过问或干预各种关系和活动的处理。这就给习惯与道德调节留下了相当大的空间。无论是经济活动还是社会活动，在个人行为与个人目标同社会规范不一致并且超过了上述限界，从而需要社会加以调节时，主要应当依靠习惯与道德力量，这既是人们易于理解的，也是大多数人可以接受的一种调节。

这里会遇到一个难题，这就是：非交易领域内，个人行为的合理可能是合法的，但合理不等于合法；同样的道理，个人行为的合法可能是合理的，但合法不等于合理。为什么这里需要突出的是非交易领域内个人行为的合理与合法问题，而不是交易领域内个人行为的合理与合法问题？主要是因为，在交易领域内，只要市场机制是完善的，政府调节是有效的，法律的执行是认真的，那么个人行为的合法与合理一般可以统一起来。即使某些法律还不够完善，但在这些法律尚未被修改与通过之前，它们仍然有效，交易活动唯有按照现行法律所规定的去做，当事人才能得到法律的保护。这涉及交易双方的经济利益，因此交易行为的合理只可能在合法的前提下被确认，否则，即使交易活动被认为是合理的，个人的行为也被认为是合理的，但由于不合法，那就很难持续进行下去，至多也只是一次性的交易而已。所以在交易领域内，交易双方的经济利益决定了合法与合理一般是一致的。

然而非交易领域内的情况有所不同。如上所述，法律只规定了非交易领域内活动的边界，即各种活动都不得越过这条边界，至于内部关系的处理和非交易活动的运作则由习惯与道德调节起主要作用，所以合理还是不合理的界定同习惯与道德信念、道德原则所认可的范围直接相关。在非交易领域内，所谓个人行为的合理不等于合法，并不意味着合理的个人行为一定不合法，而是说，在法律划定的边界之内，对许多关系的处理并没有法律细则可循，于是只好依靠习惯与道德来调节，依靠文化传统来调整关系。所谓个人行为的合法不等于合理，也并不意味着合法的个人行为一定不合理，而是说，既然非交易领域内对许多关系的处理没有法律细则可循，于是当有人沿用某些法律条文来处理非交易领域内的关系时，很可能同习惯或传统不符，从而出现合法但不合理的情况。

　　与交易领域内的情况不一样，在非交易领域内处理各种关系时如果发生了个人行为虽然合理但不一定合法，或者虽然合法但不一定合理，应该认为这仍是正常的。因为这里所说的合法还是不合法，并不是指非交易领域内的关系或活动是不是越过了法律所划定的边界，而是指在法律划定的边界之内有没有法律细则可循。习惯与道德调节对非交易领域之所以非常重要，正因为越是缺少法律细则可循，就越需要习惯与道德调节；在个人行为同社会规范之间越是需要协调的场合，就越需要有习惯与道德调节。

　　人作为"社会的人"，在非交易领域内更能体现出来。人作为"社会的人"，市场调节与政府调节在对待人的问题上都会遇到较大的局限性。习惯与道德调节对非交易领域有更大的适用性，假定从人作为"社会的人"的角度来理解，可以理解得更深刻些。

第三节　介于"无形之手"与"有形之手"之间的调节

一、习惯与道德调节的性质

　　市场调节作为资源配置的一种方式，通常被称做"无形之手"。政府调节作为资源配置的另一种方式，通常被称做"有形之手"。那么，习惯与道德调节作为资源配置的第三种方式，究竟是"无形之手"还是"有形之手"呢？这是一个有趣的问题。让我们从资源配置调节方式的性质来着手分析。

　　从习惯与道德调节的性质来看，它是介于"无形之手"与"有形之手"之间的。市场调节之所以被称做"无形之手"，因为市场调节所依靠的市场供求机制，从性质上说是一种自发的、不以人们的意志为转移的调节，是市场上供给与需求两种力量反复较量、反复起作用的结果。政府调节之所以被称做"有形之手"，因为政府调节是政府部门运用各种手段对社会经济生活所进行的调节，它依靠的是法律法规和政策措施，从性质上说是一种人为的、有意识的调节，是市场外部的行政力量对经济起作用的结果。习惯与道德调节同市场调节相比，既有相似之处，又有区别；习惯与道德调节同政府调节相比，也是既相似，又有区别。所以从性质上说，习惯与道德调节介于"无形之手"与"有形之手"之间：道是无形却有形，道是有形又无形。

习惯与道德调节同市场调节的相似之处在于：一方面，它也来自经济中的行为主体内部，即来自每一个行为者自身，它表现为各个行为者按照自己的认同所形成的文化传统、道德信念、道德原则来影响社会经济生活，使资源使用效率发生变化，使资源配置格局发生变化，而不像政府调节那样由来自外部的行政力量介入社会经济生活，对资源配置进行干预，影响资源配置格局；另一方面，它同市场调节一样，使资源的配置自发地、逐渐地从无序走向有序，而不像政府调节那样一开始就想建立某种有序状态，其实，这种所谓的有序还只是政府心目中的有序、计划中的有序，不一定等于实际经济生活的有序。政府调节的结果可能真正有序，也可能依然无序，甚至还有可能把本来多多少少的有序变成无序。

习惯与道德调节同政府调节相似之处在于：无论是政府调节还是习惯与道德调节，都同人们的自觉行动分不开，都表现为对于社会经济生活，对于资源配置的一种人为的引导、调整或约束，而不像市场调节那样不以人们的意志为转移。当然，在谈到对社会经济

18

生活和资源配置的人为的引导、调整或约束时，也应当注意到两者的下述区别，即在政府调节之下，调节者是政府，它表现为一种外部的行政力量，而在习惯与道德调节之下，调节者是行为者本身，或者是行为者认同并参加的群体，也就是说，在政府调节之下，是由外部的行政力量对社会经济生活和资源配置进行人为的引导、调整或约束，而在习惯与道德调节之下，则是由社会成员自己来调整社会经济生活和资源配置，由他们自己来约束行为。

正由于习惯与道德调节既与市场调节、政府调节相似，又与市场调节、政府调节不同，所以它既相似于"无形之手"，但又不等于"无形之手"；它既不等于"有形之手"，却又与"有形之手"有相似之处。实际上，它介于"无形之手"与"有形之手"之间。假定"无形之手"为一端，"有形之手"为另一端，两端之间有一段距离，那么习惯与道德调节的位置究竟在哪里呢？

可以这么说，有时习惯与道德调节比较接近"无形之手"，有时则比较接近"有形之手"。或者说，习惯与道德调节有各种不同的形式，有些形式距离"无形之手"近一些，有些形式距离"有形之手"近一些。为什么会这样？这是因为，习惯与道德调节表现为行为者对社会经济生活中的行为的自我约束或相互约束，这种约束来自行为者自身，来自行为者对群体的认同，来自行为者对某种文化传统的尊重和坚持。在不同的场合，这种约束可能以不同的形式出现，而且约束的力度有大有小。约束形式的不同和约束力度的不同，使得习惯与道德调节在"无形之手"这一端与"有形之手"另一端之间游移不定，其位置或者靠拢这一端，或者靠拢那一端。比如说，假定习惯与道德调节的约束力较强，例如体现于乡规民约、行会章程之类的形式中，它就比较接近"有形之手"；假定习惯与道德调节的约束力较小，例如体现于行为者的自律、群体对某一成员的劝说之类的形式中，它就比较接近"无形之手"。应当指出，接近、靠拢毕竟不是相等、一致。而且，接近这一端必定远离另一端，这样，可以作出如下的判断：习惯与道德调节不管以何种形式出现，不管约束的力度如何，它始终位于市场调节（"无形之手"）与政府调节（"有形之手"）之间。

从各个民族的历史文化的角度看，习惯与道德调节往往表现为一种历史文化现象。比如说，有的民族实行火葬，有的民族实行水葬，有的民族实行土葬，还有的民族实行天葬。实行某一种葬法的民族总认为自己的葬法要优于其他葬法，认为这是尊重死者的葬法，而认为其他各种葬法不可思议。能认为究竟哪一种葬法最为尊重死者？很难说清楚，因为每个民族都有自己行之多年的风俗习惯和道德规范。然而，尊重死者却被所有的民族认为是必要的。不同的葬法，只不过是不同的尊重死者的形式而已。

二、习惯与道德调节的形式之一——企业文化

让我们对这个问题再做进一步的考察。

企业文化对企业的生产、经营、管理的影响，已被研究者们所注意到。企业文化建设对社会经济生活的作用既不属于市场调节的范围，也不是政府调节的内容。企业文化建设是习惯与道德调节的表现，也是习惯与道德调节作用的成果。

企业文化对微观意义上的资源配置的影响首先表现于对企业中每一个成员的精神状态的影响。在资源中，人力资源是最宝贵的。人力资源不仅由人力的数量来表示，而且也由人力的素质来表示，

人力的素质体现在技术水平、知识面、体质、精神状态等方面。在人力数量为既定的条件下，人力的素质越高，越能反映人力资源的充裕。人们常问道：什么是经济发展、企业发展最重要的因素？当然，资本、技术、信息都很重要。但资本是靠人来筹集和运用的，技术是靠人来改进和操作的，信息是靠人来收集和加工的，而人的精神状态在资本的筹集和运用、技术的改进和操作、信息的收集和加工方面所起的作用尤其重要；否则资本、技术、信息的作用也就发挥不出来。因此，经济发展、企业发展的最重要因素是富有进取精神、开拓精神的人。如果社会的物质财富被破坏了，但只要人还存在，体现在人的身上的进取精神、开拓精神仍然存在，那么很快就会有新的物质财富来代替被破坏的物质财富。如果失去的是进取精神、开拓精神而不是物质财富的话，那么财富将会枯竭，社会将陷于贫困，经济将一蹶不振。

就一个企业来说，企业能否兴旺发达，同企业人力素质的高低、企业成员是否具有进取精神、开拓精神有着直接的关系。企业的进取精神、开拓精神体现于企业的每一个成员身上。这种素质可能在某些人身上较为明显，而在另一些人身上则可能不明显。企业文化建设的成绩主要是使进取精神、开拓精神在企业各个成员身上都能强烈地表现出来，并形成一种精神上的动力。这反映出企业人力素质的提高、企业人力资源的丰富。

进取精神、开拓精神是怎样产生与发展的？主要不是靠市场调节而来，尽管市场调节在一定程度上能够激发人们进取与开拓。这也主要不是靠政府调节而来，尽管政府调节在一定程度上也能促进人们去进取、去开拓。在一个企业内部，进取精神、开拓精神的形成，除了同每一个成员在进入企业以前就已具备的素质有关之外，主要依靠的是企业对成员进行的教育和企业文化环境对成员的影响，习惯与道德调节在这里所起的作用远远大于市场调节与政府调节所能够起的作用。

企业成员组成一个群体。人际关系的融洽对于企业效益的增加和企业凝聚力的增强也有着重要意义。如果企业内部不团结，人与人之间存在着摩擦、不协调，甚至钩心斗角，车间之间、班组之间、职能部门之间如果互不服气、不合作，那么不仅资源优势无从发挥，而且一定会带来低效率、负效率，使企业遭受损失。对这样的问题，可以从加强企业管理和企业文化建设两个角度来解决。加强企业管理，严明企业纪律，有助于明确企业内部各单位、各个岗位的人员的责任，以促进企业效率的提高；加强企业文化建设，则有利于企业成员之间关系的协调，增强凝聚力，化消极因素为积极因素，这样，一方面可以由此达到提高资源使用效率、增强企业竞争力的目的，另一方面又可以由此形成一种文化环境，对以后进入企业的人员施加影响，提高他们的素质，激发他们的进取精神、开拓精神。这些正是习惯与道德调节的体现，也是习惯与道德调节的成果。

从习惯与道德调节的形式之一——企业文化——的性质来看，它同政府调节虽有相似之处，但却是两类不同性质的调节。在政府调节之下，政府运用调节手段来影响社会经济中产品和劳务的供给量与需求量，影响成本、价格和利润，并导致生产要素的重新组合，进而影响资源配置格局。在企业文化建设中，企业虽然也能产生生产要素的重新组合，影响资源配置格局等结果，但企业所采取的调节方式与政府所采取的调节方式不一样。具体地说，有以下三点值得注意：

第一，在政府调节之下，当政府的调节手段对企业的生产经营发生影响时，企业在这方面实际处于被动的地位。如果政府的调节是直接的，那么不管企业自身如何考虑，企业都不得不接受这种调节。即使政府的调节是间接的，但由于政府的间接调节也会对企业的生产经营、成本、价格和利润发生影响，从而企业也需要考虑这些影响，并通过调整自己的行为来适应由此发生的变化。然而企业文化则是通过企业成员自身的努力，从企业内部来影响企业的生产经营过程的。企业在这种调节中处于主动的地位。企业的这种主动性表现为：企业不注重企业文化建设，企业文化起不了多大作用，对企业生产经营过程就不会有什么影响或影响很小，反之，企业越是注重企业文化建设，企业文化建设越有成效，对生产经营活动的影响就越大，企业的效益也就越有可能增长。

第二，在有关效率的研究中，要区分生产效率、资源配置效率和 X 效率。生产效率是指企业投入与产出之比，反映的是企业生产过程中生产要素的使用效率。资源配置效率是指资源配置是否合理以及由此而带来的效率。资源配置合理，效率得以提高；资源配置不合理，效率必定下降。X 效率是指由于投入产出比例与资源配置以外的原因而产生的效率或低效率。X 低效率就是一种尚未查明原因的效率损失，它与个人的努力程度不足有关，与人们之间的不协调有关，也与企业目标同职工目标不一致有关。[1] 这就是说，即使采用了先进的设备而且资源配置得当，但只要职工的积极性不高、

---

① 哈维·莱宾斯坦在所著《一般 X 效率理论与经济发展》（1978 年版）和《通货膨胀、收入分配和 X 效率理论》（1980 年版）中对这些问题有充分的阐述。

混日子、出工不出力，或企业内部人心涣散、各有各的打算，那就照样会出现低效率，即 X 低效率。市场调节作为"无形之手"，能影响生产效率和资源配置效率，但对 X 低效率的形成或消除基本上是不起作用的。政府调节作为"有形之手"，也能影响生产效率和资源配置效率，但同样解决不了 X 低效率问题。能够对 X 效率或 X 低效率产生影响，并能减少或消除 X 低效率的，主要是习惯与道德调节。企业文化作为习惯与道德调节的一种形式，不仅可以影响生产效率和资源配置效率，还可以影响 X 效率，使 X 低效率减少或消除。为什么市场调节与政府调节难以对 X 低效率发生作用，而习惯与道德调节则有可能减少或消除低效率呢？这是因为，X 效率的高低同人的积极性是否发挥、一个单位内部人际关系是否协调有关。这是习惯与道德调节起作用的范围。企业文化作为习惯与道德调节的一种形式在减少或消除 X 低效率方面之所以能起作用，原因正在于此。

第三，本章第二节曾专门对非交易领域内的关系和活动作了考察，并指出在非交易领域内起作用的不是市场调节，也不是政府调节，而是习惯与道德调节。现在需要进一步说明的是，尽管我们可以把社会经济生活分为交易领域和非交易领域，但这两个领域彼此会发生影响，并且两个领域的活动都对社会经济产生作用。由于市场调节只是在交易领域内起作用，政府调节也主要在交易领域内起作用，政府调节并不介入非交易领域而只是为非交易领域内的活动划定法律的边界，因此，唯有习惯与道德调节在交易领域和非交易领域这两个领域内都发生作用。企业文化作为习惯与道德调节的一种形式，正具有市场调节或政府调节所缺乏的在交易领域和非交易领域都起作用的特点。在企业文化建设过程中，非交易领域内的人际关系协调了，个人的积极性发挥出来了，肯定会对交易领域内人际关系的协调和个人积极性的发挥起积极的作用。同时，企业文化建设的成果是形成一个企业独有的企业风格、企业精神、企业目标，这些都要依靠交易领域和非交易领域内习惯与道德调节发挥作用，这也是市场调节或政府调节无法完成的使命。

以上我们通过对企业文化的分析，清楚地说明了习惯与道德调节的特点。除企业文化而外，社区文化、校园文化也都与企业文化相同，都有协调人际关系，使人们焕发进取精神、开拓精神，以及对人们的行为进行约束的作用。社区文化、校园文化作为习惯与道德调节的形式，同样应当引起重视。

第四节 道德规范与人的全面发展

一、生活单调化所引起的思考

对习惯与道德调节的理解还可以再深入一步。不妨先从工业化进程中所造成的生活单调化谈起。

一个国家从不发达状态进入发达状态，要经历工业化的过程。工业化固然给人们带来较多的物质产品，同时也使人们的生活变得单调。这是近些年来经济学界所关心的重要课题之一。麦金德（Halford J. Mackinder）在其所著的《民主的理想与现实》一书中，曾以相当大的篇幅来讨论工业化进程中所带来的生活单调问题。他指出：现代工业生活中的毒素是什么，是工作的单调、无聊的社会生活和无聊的集体生活的单调，怪不得英国人要买足球票来打赌，为的是逃避现实中的单调。[①]

麦金德把欧洲工业化以前和工业化以后的情况作了有趣的对比。他说，在古希腊时代和中世纪的欧洲，尽管社会的组织十分分散，但任何一个相当规模的城镇都有很大的发展余地。当时的佛罗伦萨，在城区街道上握手的人、家庭彼此通婚的人，就是同一行业互争雄长的首脑人物，就是同一交易场所抢做生意的商人。年轻有为的佛罗伦萨人有多少机会可以选择进行什么活动，并且记住，是在本城为了本城而从事活动，不必到某个遥远的首都。他可能当市长、当首相、当将军、当长官，统领人马打仗，当然是一场小规模战争，但足够他绞尽脑汁，运筹帷幄。如果他是个画家、雕刻家、建筑师，他便会被请去担任本地纪念建筑物的工作，而不是眼看哪里来的一位大师设计这些建筑物。[②]麦金德最后不无感慨地说：当然没有人建议你应该或者能够回到佛罗伦萨的体制去，但工业化开始以后，生活越来越单调，以前城市生活中的价值和利益就被汲走了，留下的是死气沉沉、单调的气味：一味以效率和廉价作为追求的偶像所给予人们的，是永远看不到生活，而只能看到生活的一面的世界。[③]

且不说古希腊和中世纪欧洲的城市生活是不是真的那么丰富多彩和富有人情味，至少麦金德所揭示的工业化以后城市生活的单调，仍是事实。如果说技术进步和生产自动化是不可避免的，那么

---

① 参阅麦金德:《民主的理想与现实》，武原译，商务印书馆1965年版，第164页。

② 同上书，第164—165页。

③ 同上书，第172页。

劳动者越来越被束缚在流水作业线上也是必然的。在这种情况下，工人会越来越感到单调、苦闷、没有生气。一个国家已经走上工业化的道路，要想再倒退到工业化以前的社会，根本行不通，于是沮丧的情绪只可能有增无减。

由此涉及一个有现实意义的问题：随着生产技术的发展和社会的进步，人们的基本生活需要的内容将不断丰富。缺乏必需的物质产品时，人们首先需要的是吃饭、穿衣、住房方面的满足。必需的物质产品得到满足以后，人们就要求自身的发展，包括精神生活能得到满足，这些也应该包括在基本生活需要之中。一个社会，如果只有物质财富，而精神上的财富却是贫乏的；如果只能给人们以物质生活上的某种满足，而不能满足人们在精神生活上的需要，那么这样的社会是有重大缺陷的。加之，人们物质生活上的需要与精神生活上的需要紧密联系。在一定的物质生活上的需要得到满足的基础上，人们就会产生精神生活方面的一定的需要，并希望它们得到满足。精神生活需要的满足，又将促进物质生产的进一步发展，并在此基础上使人们产生更高的精神生活上的需要。正是在物质生活需要与精神生活需要相互推动、相互促进的前提下，人将不再是片面发展的人，而成为一个全面发展的人。

工业化以后所出现的生活单调，只有在物质生活需要与精神生活需要都能得到满足的基础上被克服。但问题还不仅限于此。试问：怎样才能使物质生活需要与精神生活需要都能被满足呢？单靠经济增长能解决这个问题吗？经济增长的结果就一定能使人们成为全面发展的人吗？一种形式的生活单调被克服以后，难道不会出现另一种形式的生活单调吗？为了不再出现生活单调感，我们更应当强调什么？所有这些问题都是值得探讨的。下面，让我们转入有关道德、信念与人的全面发展之间关系的分析。

二、对人的全面发展的理解

人的全面发展是指什么？这是一个在学术界尚无定论的问题。但无论在这个问题上有什么看法的分歧，至少在有关人的全面发展的前提方面是有比较一致的认识的。这是指：

第一，人的全面发展应该建立在生产力高度发展的基础上。没有生产力的高度发展，就不可能有充裕的物质产品供给，那么，人的全面发展就缺少必要的物质条件，人的物质生活需要和精神生活需要的满足也就缺少物质前提。同时，人的全面发展是需要在工作之余有较多的自由支配时间的，工作日长度的缩短和年休假日的增多也只有在生产力高度发展之后才能实现。

第二，人的全面发展应当建立在具有一定的文化知识的基础上。一个人，如果没有一定的文化知识，不仅他的物质生活需要不易得到满足，而且他的精神生活需要也很难满足。一个社会，如果平均每人的文化知识水平低，那么社会的生产力发展将受到极大限制，从而无论是人们的物质生活需要还是人们的精神生活需要都是无法得到满足的，这样，人的全面发展也就成为不可能的事。

第三，人的全面发展应当建立在具有一定的道德、信念的基础上。一个社会，即使生产力发展程度较高，能够提供比较丰裕的物质产品，但如果社会风气败坏，人们缺乏良好的道德，没有信念，社会上尔虞我诈，相互倾轧，人们必须靠虚伪才能立足，甚至要靠欺骗才能免于受难。在这样的社会环境中，人的全面发展简直成为一种空想。不仅如此，由于社会风气败坏，道德沦丧，社会治安状况也必定恶化，人们缺乏一种安全感，人的全面发展也就无从谈起了。

作为人的全面发展的前提，上述三个方面是缺一不可的。没有生产力的高度发展，固然不行；没有文化知识水平的提高和良好的道德风尚的形成，同样是不行的。人的全面发展，包括了人的文化知识水平的提高和良好的道德的具备。不管对人的全面发展有什么样的解释，对文化知识和道德应当成为人的全面发展的考核内容这一点，看来并无争议。

我在所著《体制·目标·人：经济学面临的挑战》一书中曾有这样一段论述："人们有不断改善自己的生活的愿望。人们在改善自己的生活的过程中，会越来越感觉到个人生活的改善同周围的人的生活的改善是联系在一起的。……尽管个人的生活改善了，但如果周围的人的生活不仅没有改善，反而有恶化的趋势，从而个人生活的社会环境比从前更不安定了，那么这也很难说明生活质量是否真的有所提高。"[①] 这一段实际上涉及道德规范同人际关系之间的关系，也涉及对人的全面发展的理解问题。

道德是一种规范，它不仅是对个人的一种激励或约束，而且也是处理人与人之间关系的一种原则。每个人都希望自己的生活能够改善，也就是物质生活需要与精神生活需要都能得到满足。但如果他生活在一个缺乏良好的道德风尚、人与人之间缺少信任感、个人缺少安全感的环境中，如果周围的人的生活状况在恶化，那么无论如何他的改善生活的愿望是无法实现的。难道单单自己有吃、有穿、有住，吃得好、穿得好、住得好，这就叫做生活质量的提高？

---

① 厉以宁：《体制·目标·人：经济学面临的挑战》，黑龙江人民出版社1986年版，第315页。

这就算幸福了？恐怕得不出这样的结论。在社会缺少良好的道德风尚和人际关系之中缺少道德规范的条件下，很难把这称做幸福或生活质量的提高。

再说，人的全面发展需要有一个正常的环境，至少对社会上大多数人来说是如此。假定社会的道德沦丧，人们为了求生存而不得不顺应那种不说假话就难以自保的潮流，吃得、穿得、住得再好，难道精神上就会舒畅、痛快？生活质量就会上升？人离不开群体，离不开周围的人，离不开赖以生存和发展的社会环境，这就是了解人的全面发展的关键所在。懂得了这些，对道德力量在人的全面发展中的作用也就易于理解了。

三、优良社会风尚的培育

人的全面发展有赖于优良的社会风尚的形成。要形成优良的社会风尚，必须在社会上建立对个人行为和群体行为的道德约束。道德约束对于优良社会风尚的培育有着重要作用。

如上所述，在社会经济生活中，如果各个行为主体自身没有道德约束，相互之间也缺少必要的道德约束，社会肯定是无序的，经济生活肯定是紊乱的，社会风气也肯定不正。从经济运行的角度看，行为主体如果缺少道德约束而彼此之间又没有相互的道德约束，行为必定短期化，因为行为主体会因缺乏稳定的预期而对经济前景失去信心。

这里所说的行为主体所包括的范围是很广泛的，可以把各种各样的人都包括在内。比如说，投资者不愿投资；消费者只顾眼前，不顾将来；职工认为未来是不可知的，得过且过，没有主动性、积极性；学生不愿好好学习，因为前途未卜；等等，这些都表明预期的紊乱。人们预期的紊乱必然导致行为短期化。当然，造成预期紊乱的因素很多，但不可否认，道德约束的缺乏和社会风气的不正也是原因之一。行为短期化的结果必然是资源配置的扭曲、资源使用效率的下降。因此，通过道德力量的调节，通过道德规范的建立和优良社会风尚的培育，将有利于行为主体行为的规范化，防止出现因预期紊乱而导致的行为短期化。

社会风尚有形或无形地对人们进行信念的引导。在市场经济中，这种引导尤为重要。在市场机制与政府部门共同进行调节的条件下，对企业和个人这些行为至少有以下两种类型的引导：一是市场本身的引导，二是政府所进行的引导。市场的引导可以归结为利益引导，它是以人作为"经济人"为前提的，因为人作为"经济人"，追求自身利益的最大化，力争以尽可能小的代价去获取尽可能多的利益。政府的引导可以归结为目标引导，但也不排斥利益引导。这就是说，政府在进行引导时，主要也以人作为"经济人"为前提。既然人作为"经济人"，要实现自己的最大利益，要趋利避害，所以政府就有可能采取措施，把人引导到政府希望达到的目标方面去，这样，个人的利益可以得到保证，政府预定的目标也就能实现。至于个人，他总是从代价和收益两方面来考虑。如果不遵照政府的政策措施，代价就大，收益就小，如果遵照政府的政策措施去做，收益就大，代价就小。从这个角度来看，政府对个人的目标引导与利益引导可以相容、统一。

但要知道，人不仅仅是"经济人"，人还是"社会的人"。政府要让人们懂得，什么是值得去做的，什么是不值得去做的；什么是应该争取实现的，什么是不应该实现的。这种引导就是信念引导。

政府也对人们进行信念引导，但政府的信念引导体现在目标引导之中。政府主要是通过宣传教育来引导人们把实现政府预定的目标作为一种信念。在政府调节中，不可能有脱离政府目标的信念引导。

信念引导实际上是可以独立存在的，这是道德力量调节的任务。独立存在的信念引导由个人自身或由个人组成的群体来进行。个人会有自身的目标，群体也会有自身的目标，独立存在的信念引导在不同程度上同个人的目标或群体的目标有联系，但由于个人目标或群体目标毕竟不是政府目标，因此个人自身的信念引导与群体的信念引导毕竟不同于体现在政府的目标引导中的政府信念引导。比如说，信仰某种宗教，可以给人们以一种信念引导，后者可以独立存在。又如，恪守某种待人处世原则，也可以给人们以一种信念引导，后者同样是可以独立存在的。

优良社会风尚的形成与来自政府的、个人的、群体的信念引导往往是相互促进的。社会风尚本身有一种潜移默化的功能，它能够使人们产生某种信念，或加强某种信念，或转变某种信念。而信念引导又会对社会风尚的培养产生积极作用，进而通过社会风尚的发扬对社会的资源配置发生作用。

一个明显的例子就是社会风尚对人们的消费行为发生影响，进而通过消费支出数量的变化和结构的变化影响资源配置。这是因为，消费是有示范效应的，而示范效应则具有社会性。社会崇尚什么，不崇尚什么，从消费行为中可以反映出来。比如说，奢侈性消费是不合理的消费行为中的一种，它会对社会风尚产生消极的影响，以至于某些消费的支出超过了与个人收入或财力相适应的程度，或者，奢侈性消费所占用的资源过多，使社会本来有限的资源用于不合理的方面。又比如说，在社会上经常存在一种迫于落后的习惯势力而不得不令人屈从的消费陋俗，如为死者大办丧事，修造坟墓，甚至为活着的人预修坟墓，或婚前高索彩礼，大置嫁妆，嫁娶之日大摆宴席，耗资惊人。消费陋俗代表一种落后的文化，但家境贫寒的人则难以违背习惯势力的无形压力，由此所形成的消费行为显然对资源配置是不利的。[①]

另一个明显的例子是社会风尚对国民素质和效率的影响，国民素质在优良的社会风尚影响下的提高，效率在优良的社会风尚影响下的增长，都会对资源配置产生影响。国民素质既包括文化素质、身体素质，也包括思想素质、道德素质。国民素质的提高，又会对优良的社会风尚的发挥起着积极的作用。

历史经验已充分说明，一个国家在由不发达状态向发达状态过渡时，应当及早注意经济逐渐发达以后可能产生的社会问题，并及早采取措施来加以预防。这里所说的社会问题，包括了如何使人们在收入水平不断提高和物质产品不断丰富的条件下日益充实生活的内容，使生活更有意义的问题。一个发达的社会不应当只是一个单纯追求物质产品而精神空虚的社会。在人们的物质生活需要得到满足的同时，精神生活的需要、发展自身的需要也应得到满足。社会风尚不应该滑坡，而应该朝着更好、更健康的方向发展。这些都属于道德力量调节的任务。

四、优良社会风尚与人自身发展之间的关系

一个国家从不发达状态向发达状态转变的过程中，社会将不断

---

①　参阅厉以宁：《经济学的伦理问题》，生活·读书·新知三联书店1995年版，第136—139、151—153页。

发生变化。但社会变化本身是一回事，社会成员对社会变化的认识又是另一回事，两者不可混同。这是社会与自然界的区别。自然界发生的变化可以被人们观察到、认识到，人们能发现自然界变化的规律性，然而自然界并不因它被人们认识而改变自己的活动规律。社会与此不同。社会活动是人们进行的活动，人们在社会活动中逐渐认识了社会。人们不但会察觉、认识社会的变化，而且会调整自己的行为来适应社会的变化。人们还会采取一定的措施来改变社会，从而社会的活动作为人们进行的活动，在被人们察觉到、认识到之后也会发生变化。这就是说，人与社会是双方连续彼此影响、彼此适应的，社会在调整中前进，人在适应中发展。社会风尚对社会发展的影响以及对人自身的影响，正是在社会与人的相互适应过程中表现出来的。优良的社会风尚一方面有助于人们正确认识社会的变化，及时调整行为以适应社会的变化，另一方面，在优良的社会风尚影响下，人们的行为规范了，认识提高了，从而也有助于社会发展过程中新出现的问题的解决。

毫无疑问，优良社会风尚的培育和形成要比一个企业或一个社区的管理或文化建设困难得多。尽管从表面上看，优良社会风尚的形成是没有硬性指标的，而且也难以选择若干硬性指标作为考核优良社会风尚是否形成的依据。也就是说，优良社会风尚具有较大的弹性。但如果深入地进行分析，我们就会发现，优良社会风尚的形成仍有一定的规律可循，这就是：社会成员的文化程度越高，道德水准越高，社会成员越热爱生活，越关心其他人，越支持公益事业，那么优良的社会风尚就越容易形成，也越容易发扬。一个企业、一个社区的管理或文化建设如果有成效，对优良社会风尚的培育是有帮助的，但这代替不了社会各界共同的努力以促进国民素质的提高，促进优良社会风尚的形成。

人自身的发展同优良社会风尚的形成和发扬也是相辅相成的。当人的追求走向更高层次时，人的社会责任感会逐渐增大，为公共利益作出贡献的思想将对社会起着有益的示范作用，这些都将有助于优良社会风尚的形成和发扬。

在这里有一种不正确的认识需要澄清，这就是，认为经济不发达时，人的自身发展受到限制，国民素质的提高受到限制，从而优良的社会风尚也缺乏形成和发扬的前提。这种认识之所以不正确，是因为它把优良社会风尚的培育同经济发达程度之间的关系绝对化了，似乎经济发达是培育和形成优良社会风尚的唯一因素。实际上，在有些经济很不发达的地区（包括历史上每个民族都曾经历过的经济十分落后的阶段），以及在经济发达国家中发展相对滞后的某些偏远的乡村里，社会风尚可能是很好的。优良的社会风尚同经济发达程度之间的关系，相当复杂，这是一个值得深入研究的课题，现在下结论似乎为时过早。

但历史经验也表明，一个国家或地区，社会风气的败坏常常发生在经济不发达状态开始走向经济发达的转变阶段。在这个阶段，外界对这个国家或地区的影响增大了，其中既有好的影响，也有坏的影响。加之，在转变阶段，这个国家或地区原来的社会组织与结构在解体中，新的社会组织与结构则在形成中，社会的分化与重组可能持续较长的一段时间，于是社会的风俗习惯、居民的心理状态、社会的崇尚和评价都不可避免地会发生一些变化，甚至是激烈的变化。在这种情况下，社会风气既有可能朝坏的方向变化，也有可能朝好的方向变化。这涉及对这些变化的评价问题。假定只从原来的社会组织与结构、社会的崇尚与习惯的角度来看，可能发现不了社会风气朝好的方向的变化，所看到的尽是社会风气朝坏的方向的变化。假定换一个角度，即从将要达到的社会发展状态的角度来看，有可能发现不了社会风气朝坏的方向的变化，所看到的尽是社会风气朝好的方向的变化。客观地说，在一个国家或地区从经济不发达状态向经济发达状态转变的过程中，社会风气变好或变坏这两种趋向是并存的，只是社会风气的变坏更容易被人们所察觉，由此产生的问题更明显些，也更易于被人们所议论或引起人们的不满。这种情况一般会持续相当长的时间，往往要等到经济发达和人均收入水平上升以及国民素质提高以后才有比较显著的好转，而且单纯依靠经济的增长是不够的，教育和文化建设的作用不可轻视。教育和文化建设将对人自身的发展产生影响，从而有助于减轻经济转变阶段社会风气变坏的程度，并有可能防止社会风气的变坏。

在这里，有必要重提一下亚当·斯密的《国富论》和《道德情操论》这两部著作之间的关系。我在 1997 年出版的《宏观经济学的产生和发展》一书中曾写下这样一段话："亚当·斯密在《道德情操论》（1759 年出版）中与《国富论》（1776 年出版）中都用过'看不见的手'这个术语。亚当·斯密的本意是说：由于个人行为的非故意性，即自发性，客观上形成了一种可以促进社会利益的良好的社会秩序。"[1]应当说，在《国富论》中提到的"看不见的手"主要是针对市场调节而言，而在《道德情操论》一书中提到的"看不见的手"，既包括了市场规律的作用，也包括了道德情操的作用。从经济思想史的角度来看，关于"看不见的手"的思想在荷兰哲学家曼德维尔 1714 年出版的《蜜蜂的寓言》一书中即已出现。[2]但曼德

---

[1]　厉以宁:《宏观经济学的产生和发展》，湖南出版社 1997 年版，第 41 页。

[2]　同上。

维尔却提出了一个命题，即正如《蜜蜂的寓言》一书的副标题所显示的：“私人的恶德即公众的利益。”在曼德维尔看来，个人的贪婪和自私行为，促成了社会的繁荣，而个人放弃邪恶，清贫自守，却会带来社会的萧条。亚当·斯密是不同意曼德维尔这一观点的。他认为，所谓“私人恶德即公众利益”的说法是一个极端利己主义的体系、一个“放荡不羁的体系”。人，在亚当·斯密的体系中并不是一个只顾追逐个人利益的“经济人”，人还必须遵守规则，必须尊重他人的利益，必须具有同情心。关于这一点，赵修义教授作了很好的阐释。他指出，在亚当·斯密的体系中，“一方面，他肯定了人们对自身利益和幸福的追求有其合理性；另一方面，他强调这种追求必须是合宜的，也就是必须符合社会一般规则，而不是无节制和贪婪的”。① 那么，亚当·斯密的这两本书在自己的体系中是如何统一的呢？赵修义分析道：“斯密期望，经由市场达致富国裕民，必须与道德的维系和提升一致起来。他对此持乐观的态度，相信‘富之路’与‘德之路’能够统一。”② 这种对亚当·斯密体系的解析，我认为是符合亚当·斯密本意的，也是有新意的。当然，在这里还应提到的是：虽然亚当·斯密并未提出政府干预这只“有形的手”的作用，但他一直重视市场规则的作用、法律的作用；在市场交易领域中，不遵守法律的结果和不讲道德的后果同样严重，同样不容忽视。③

---

① 赵修义：“《道德情操论》究竟是一本什么样的书”，载《文汇报》，2009 年 4 月 11 日。

② 同上。

③ 参阅秋风：“市场的背景”，载《随笔》，2006 年第 1 期，第 150 页。

第二章　效率与协调

第一节　效率的真正源泉

一、产生高效率或低效率的机制

第一章已经谈到，习惯与道德调节对资源使用与资源配置的作用表现为效率的提高。因此有必要在这里再就效率的源泉问题作一些探讨，以便阐明为什么习惯与道德调节能够促进效率提高。

效率是一个经济学范畴，这是指资源的有效使用与有效配置。在经济领域内，任何资源都是有限的，不同的资源主要的区别在于有效供给不一样。有的资源最为稀缺，有的资源则比较稀缺；有的资源目前已经稀缺，而有的资源今后将越来越稀缺。问题在于：既然任何资源都是有限的，所以必须考虑如何才能有效地使用资源，以及如何才能有效地配置资源。如果使用合理，配置合理，一定的资源可以发挥更大的作用，其结果将是效率的增长；反之，如果使用不合理，配置不合理，形成资源的闲置或浪费，那么一定的资源只能发挥较小的作用，其结果必定是效率的下降。从资源使用与配置的角度看，高效率或低效率的原因在于资源的使用合理还是不合理，资源的配置合理还是不合理。

近年来，国内经济界已经越来越重视效率。实现经济增长方式的转变，即从粗放型生产经营向集约型生产经营的转变，就是对效率问题日益重视的反映。与过去长时期内不注意效率的情况相比，这无疑是一个可喜的变化。但社会上相当一部分人对效率的理解未必那么正确，对效率的源泉的认识也未必那么正确。例如有人认为，重视效率就是重视利润，利润大表示效率高，利润小则表示效率低。还有人认为，产值反映了效率，效率高时产值就多，效率低时产值就少。应当指出，把效率等同于利润或产值，都是片面的。产值有一个计价问题，利润还涉及税率或价格补贴问题，产值多少或利润大小不能同效率的高低画上等号。也有人说，效率来自投入，投入意味着效率，多投入才有高效率，低效率必定是由于投入太少了。甚至还有人说，"我们这个企业养活了多少人，这就是给社会作出的贡献，也就是我们的效率"。诸如此类的看法，同样是对效率一词的曲解。单看投入，不看产出，怎能说明效率？至于一个企业能吸纳多少人就业，无论从哪个角度来分析，都不能说明效率的高低。这些看法反映了社会上不少人还没有弄懂"效率"一词的真正含义。

效率反映的是投入产出之比，效率的变化表明资源使用状况的变化。从宏观经济看，在一国或一个地区范围内，能做到人尽其才，物尽其用，货畅其流，地尽其利，就表明资源使用合理，资源配置合理，这就代表效率。人尽其才，物尽其用，地尽其利，意味着各种资源都得到了有效利用。货畅其流，意味着流通速度的加快和闲置、积压的资源数量的减少，这就是效率的提高。

从效率同资源配置之间的关系来说，由于任何资源从经济学的角度来看都是有限的，所投入的一切资源都是有限的资源，所以社会必须考虑资源究竟投入到哪一种产品和服务的生产之中。投入某一种资源，可以有各种不同的产出。社会对这些不同的产出有不同的需求程度。从这个意义上说，一种资源投入会有不同的结果，从而效率也是不一样的。不生产这一种产品而生产另一种产品，效率可能较高，也可能较低，不能认为同一种投入的不同产出会有相等的效率。这就是效率同资源配置之间的关系。

另一方面，在社会各种资源的稀缺程度不相等的条件下，不利用这些资源去投入而利用另一些资源去投入，即使最终的产出是相同的，但效率却不一样。这是因为，能够利用稀缺程度较低的资源而不用资源稀缺程度较高的资源，对社会经济的发展更有利些，从而资源配置的效率也就会更高一些。

了解了上述这些，我们就可以再深入一步来考察这样一个问题：既然投入某一种资源可以有不同的产出，也就是在资源稀缺程度不等时有不同的效率，既然同一种产出可以利用这种资源或另一种资源，在资源稀缺程度不等时会产生不同的效率，那么，投入资源的主体为什么不把某一资源投入效率高的领域，偏偏要把它投入效率低的领域呢？是迫不得已，还是无知？或是另有考虑？或是效率高低对于投入资源的主体来说是一种无所谓的事情，即"与己无关，听之任之"？既然投入资源的主体利用这种资源可以带来较高的效率，而利用另一种资源只能带来较低的效率，那么，为什么他不利用这种资源而偏偏利用另一种资源呢？难道他偏爱低效率吗？……可见，在投入领域的选择和资源的选择的背后，在效率高低的背后，肯定有一个机制问题。产生高效率或低效率的机制，比效率高低本身更值得经济学界去探讨。

这里所说的产生高效率或低效率的机制问题，实际上已经涉及效率的源泉问题。效率来自机制，机制决定效率的高低，在资源稀缺程度不等的条件下，机制的关键意义尤为明显。因此需要研究在什么样的机制之下，人们才会选择投入最少或产出最多的效率增长方式，人们怎样才会关心效率的增长并为效率的不断增长而动脑筋、想办法。

正如前面已经指出的，不能单纯根据利润的大小或产值的多少来理解效率。对有限的资源的浪费，在生产过程中造成严重污染而使环境破坏和资源破坏，即使利润再大，产值再多，决不等于有效率。产品生产出来之后如果积压在仓库中，也不等于有效率。效率背后的机制问题，无非是利益的驱动和目标的吸引。利益的驱动是指：如果投入资源的主体对投入的结果有很高的关切度，效率高将给他带来利益，效率低将使他受到损失，那么他一定会根据成本、价格、收益的比较，选择最有利的资源投入领域，或选择可以带来最大效率的资源投入方式。目标的吸引是指：投入资源的主体有自身所要达到的目标，而且目标很可能不是单一的，这样，为了实现自己的目标，他就会考虑选择什么样的资源投入领域和什么样的资源投入方式。假定某个资源投入主体的目标就是利益的增加，那么利益的驱动和目标的吸引就会合而为一。假定某个资源投入主体的目标是多元的，利益的增加只是多元目标的一个组成部分，除了利益增加以外还有其他的目标，那么问题就会复杂些，效率背后的机制将取决于利益驱动与目标吸引两者的结合状况。

二、效率与道德力量的作用

在市场经济条件下，效率是受市场调节的。利益的驱动就是市场调节起作用的表现。每一个资源投入主体为了取得利益，必须根据市场上生产要素的供求状况和价格水平来组合生产要素，提高效率。因此，效率背后的机制实际上就是利益机制或市场机制。在市场经济条件下，资源投入主体的利益最大化就是其所追求的目标，这样，利益驱动与目标吸引在效率问题上就统一起来了。

假定在市场调节之外还有政府调节，那么在效率的背后必定存在着政府调节的影响，目标的吸引主要是政府调节起作用的表现。政府有自己的目标，政府目标不是单一的，而是多元的。政府为了使自己的目标得以实现，就需要通过各种调节手段对资源投入主体产生影响，使他们在资源投入领域的选择上与资源投入方式的选择上作出符合政府目标的选择，从而影响效率的变动。

由于市场调节与政府调节是共同起作用的，所以高效率或低效率的产生实际上受到市场调节与政府调节的共同影响。但对这个问题的分析不应到此为止，还需要作深入一层的探讨。这是因为，在市场上进行活动的是各个交易人，每一个交易人就是一个资源投入主体。对市场进行调节的是政府，政府自身也是资源投入主体，受到政府调节的是市场上的交易人，他们作为资源投入主体，既要考虑自己的利益，也要考虑政府采取的调节手段对自己利益的影响。于是就出现了另一个问题：资源投入主体是怎样考虑的呢？他们的行为受哪些因素影响呢？效率除了受到市场调节与政府调节而外，是不是还受其他力量的影响呢？

让我们先以一个企业为例。

一个企业内部的关系可以分为人与物之间的关系和人与人之间的关系。人与物之间的关系主要反映为生产资料使用者与生产资料之间的关系。企业的生产资料状况和平均每个劳动者所使用的生产资料数量的多少，基本上反映了这个企业的技术水平，技术水平的高低影响着效率的高低。从人与人之间的关系来看，问题要比人与物之间的关系复杂些。可以把企业内部的人与人之间的关系分为若干种关系，例如，企业领导层同一般职工之间的关系，企业领导层内部的合作共事关系，企业领导层与各级管理人员之间的关系，各级管理人员内部的合作共事关系，一般职工相互之间的关系，等等。这些人际关系中，有的协调，有的不那么协调，还有的完全不协调。有些人际关系在这种情况下比较协调，在另一种情况下却不协调。人际关系的协调程度影响着效率的高低，而且对效率的这种影响同技术水平对效率的影响是不一样的。如果技术水平低，企业通过增加投入，或增添新设备、修建新厂房，或进行职工培训、鼓励职工钻研技术，就可以大幅度提高技术水平，达到效率增长的要求。但如果企业内部人际关系不协调，增加投入能有多大成效？难道效率会因此而大幅度提高？

再从企业从业人员（包括各级管理人员与工人）的角度来看，在一定的技术水平之下，人的因素被摆到了显著的位置，企业的效率取决于人的因素所发挥的作用。在人的因素中，职工的工作时间、每个人已达到的文化技术等级、每个人在自己的工作岗位上的责任明确程度都是已知的。但在人的因素中，还有一些未知数。例如，职工的努力程度就是未知的，因为每个人在工作中究竟使出了多大的劲，不易确定。又如，每个人都有一定的惰性，惰性的影响小，积极性、创造性就发挥得充分；反之，惰性的影响大，职工的积极性、创造性的发挥就受到阻碍。职工自身能在多大程度上克服惰性，也是一个未知数。再如，如果职工个人的目标同企业目标是协调的，效率将会增长；反之，职工个人目标同企业目标不协调，效率将会下降。但职工个人目标同企业目标究竟在何种程度上协调或不协调，同样是未知的。这些未知因素的存在对企业效率的影响，是值得研究的课题，也是市场调节或政府调节都难以解决的难点。

由此可见，对效率的研究有必要在市场调节与政府调节以外展开。这并不意味着市场调节与政府调节对效率的增减不重要，这只是表明市场调节与政府调节在影响效率方面有局限性，特别是在分析效率的源泉方面有局限性。比如说，在企业内部人与人之间关系的研究中，在与人的工作努力程度、人的惰性等有关的若干未知因素对效率的影响的研究中，都需要深入到更深的层次。这就是说，道德力量在许多方面对人的行为发生作用，进而影响效率。什么是效率的真正源泉？效率的真正源泉在于人的作用的充分发挥、人的积极性和创造性的充分发挥。而要做到这一点，道德力量的作用不可忽视。在道德力量作用之下，人的作用充分发挥了，人的积极性和创造性充分发挥了，效率将会大大提高。

应当强调的是，上述分析是以技术水平既定作为前提的。技术水平的高低，从人与物之间的关系的角度来看，关系到效率的大小。比如有两个国家、两个地区或两个企业，如果一个国家、地区、企业的技术水平高出另一个国家、地区、企业很多，那么道德力量对效率发生作用后所产生的后果就难以进行比较。因此，只有把技术水平作为既定，道德力量对效率的作用才能准确地显示出来，这样的对比才有意义。

三、两种凝聚力：团体的凝聚力和社会的凝聚力

前面已经指出，在一定的技术水平的条件下，效率的真正源泉在于人的积极性、创造性的充分发挥，而要充分发挥人的积极性、

创造性，必须有合理的经济运行机制，必须做到人际关系的协调。

凝聚力的大小是人际关系是否协调或协调到何种程度的体现。凝聚力基本上分为两类，一是团体的凝聚力，二是社会的凝聚力。团体的凝聚力以团体内部人际关系的协调为条件，社会的凝聚力则以社会中人际关系的协调为条件。凝聚力产生效率：团体的凝聚力产生团体的效率，社会的凝聚力产生社会的效率。

这里所说的团体，包括企业、事业单位、社区、社团、村、家庭等。团体有大有小，各有各的凝聚力。团体的组织有松有紧，紧密不等于有较大的凝聚力，松散也不等于缺少凝聚力。团体组织的松散或紧密，是从组织形式上说的，团体有没有凝聚力或凝聚力有多大，则同团体与成员协调与否、各个成员之间协调与否有直接的关系。比如说，某个社团，有严密的组织，但成员彼此之间可能钩心斗角，难以形成一股力量；或者成员对社团的领导层离心离德，存在着强烈的离心倾向，那么不管社团的组织形式多么严密，照样没有凝聚力。反之，某个社团尽管组织形式上是比较松散的，但成员之间的关系协调，成员同社团的领导层的关系协调，成员们为社团的发展齐心协力，这样的社团不仅有凝聚力，而且凝聚力还可能是很强的。

企业是由企业工作人员组成的一个团体。企业的凝聚力是团体的凝聚力中的一种。企业文化建设有助于企业凝聚力的形成。一个企业，如果有较大的凝聚力，不仅能够促使企业效率不断增长，而且在企业遇到困难时，能够使企业克服困难，闯过难关。关于这一点，人们一般是不会产生疑问的。

需要深入探讨的问题是：社会的凝聚力如何形成？团体的凝聚力同社会的凝聚力之间存在什么样的关系？怎样正确处理这两种凝

聚力之间的关系，以便既有团体的凝聚力，又有社会的凝聚力？

社会的凝聚力是指社会成员们能够团结一致，各尽所能来实现共同的目标。最显著的例子就是，一个国家、一个民族在反侵略战争时期或遇到严重自然灾害时，社会成员所表现出来的齐心协力、艰苦奋斗和自我牺牲的精神。社会的这种凝聚力带来社会的高效率，会出现许多奇迹。即使在正常的情况下，如果社会上人际关系协调，社会凝聚力强，那么也会出现社会协调的环境，同样有利于效率的增长。

至于团体凝聚力与社会凝聚力之间的关系，应当认为，两者之间可能存在着相互促进的关系，也可能存在着相互制约的关系，关键在于团体的性质与团体的目标是什么样的。社会上有各种各样的团体，性质互异，目标互异。假定某个团体是政治性的组织并具有分离主义政治倾向，它的目标是要求改变现状，使某个区域从一个国家分离出去，那么，这样的团体内部越有凝聚力，对社会越不利，社会的凝聚力越会受到损害。当然，这是极端的例子，我们可以把这一类团体作为特例，略去不谈。在一般情况下，团体的目标同社会的目标是相容的，也是可以协调一致的，因此团体的凝聚力与社会的凝聚力通常有着相互促进的作用。这里仍以企业为例。

在市场经济中，企业作为自主经营、自负盈亏的商品生产者，有自己的目标，而首要的目标就是争取实现最大利益。企业之间存在着竞争的关系。为了使自己在竞争中取胜，企业不断调整生产和经营方向，也不断改进管理，增加内部凝聚力。正当竞争、合法条件下竞争，是处理企业之间关系的前提。在这一前提下，企业之间有着共同的利益。这就是：社会越稳定，经济越繁荣，企业越能受益。一个企业的兴旺并不是必定以另一个企业的衰败为条件的。在社会稳定和经济繁荣的大环境中，企业都有发展的机遇，并且都能实现这一愿望。从现实生活中可以看到，即使在这样的大环境中，也总有一些企业由于生产经营不善，或投资决策失误，或适应不了技术迅速变化的形势，发生生产收缩、企业倒闭或被其他企业兼并等情况，但这是正常的，这只不过是资源重新组合的反映。只要资源的重新组合能给国民经济带来效率的增长，为投资者创造新的机遇，那么某些企业收缩、倒闭或被兼并不会损害企业界的共同利益。

团体的凝聚力同社会的凝聚力是两种不同类型的凝聚力。团体的凝聚力能否同社会的凝聚力统一起来，或者说，团体凝聚力的加强能否促进社会凝聚力的加强，与作为促进团体凝聚力的重要因素的文化建设（如企业文化建设、社区文化建设、校园文化建设等）的内容和成效有密切关系。不妨仍以企业为例。在一个企业中，假定企业文化不仅强调企业自身的目标，而且同样强调社会的目标；不仅关切企业自身的利益和本企业职工的利益，而且也关切公共的利益；不仅致力于企业精神的培育，而且也致力于优良的社会风尚的培育。这样，企业文化建设的成就既表现于企业凝聚力的加强，也表现于社会凝聚力的加强，企业凝聚力与社会凝聚力是一致的。这正体现了成功的企业文化建设的社会功能和社会价值。反之，假定一个企业单纯看重企业自身利益与本企业职工利益的追求而忽略了企业文化建设的社会功能与社会价值，这样，尽管企业的凝聚力也有可能在某种程度上加强，但却无法使企业的凝聚力同社会的凝聚力协调一致，也无法使企业凝聚力的加强带来加强社会凝聚力的结果。在分析效率源泉问题时，我们不应当忽视这一点。

如果再作进一步的分析，那么可以了解到，国民财富的增加、社会的经济繁荣、文化教育事业的发展是联系在一起的。一个经济繁荣、文化教育事业发达的社会，将更有条件来进行文化建设，促进社会凝聚力和团体凝聚力共同加强。习惯与道德调节作用在促进社会凝聚力和团体凝聚力共同加强方面表现得尤为明显，习惯与道德调节的这种作用是市场调节或政府调节无法替代的。这是因为，只有运用道德力量，才能使团体的成员认识到团体目标的实现从根本上说是同社会目标一致的，个人的利益、团体的利益从根本上说是同公共利益一致的，于是团体的成员就会从内心认同社会目标，其结果将是既增强了团体的凝聚力，又增强了社会的凝聚力。团体的效率和社会的效率将在道德力量的影响下不断提高。

由此可以得出下述结论：以往在效率源泉问题的研究中，通常只看重经济因素和技术因素而忽略非经济因素和非技术因素，只注意利益的影响而不注意社会责任感和公共目标的作用，只强调物的价值实现而忽视人的价值实现。在这种传统的思想和方法的指引下，实际上研究不了效率变动的深层次问题，也揭示不了效率的真正源泉还在于人的作用以及人与人之间的关系，而不仅仅在于物的作用以及人与物之间的关系。团体凝聚力产生团体的效率，社会凝聚力产生社会的效率，在这种情况下，效率的产生和提高的原因不应当到市场机制中去寻找，也不应当到政府的调节行为中去寻找，而只能到道德力量及其对人的影响中去寻找。

第二节　协调与适应

一、协调与适应的意义

第一节已经指出，从效率源泉的角度来看，社会的协调、人际关系的协调、人对社会的适应，以及人们彼此之间的适应，对效率的增长有着十分重要的意义。在这一节，让我们循着这一思路作进一步的探索。

要知道，社会虽然是由无数个个人组成的，但人们一旦组成社会之后，社会就同人一样，也有一种自我调节以保持平衡或恢复平衡的功能，这是社会得以持续存在并得到发展的机制。在《社会主义政治经济学》一书中，我曾对作为一个整体的社会作了如下的论述：

人同社会一样，都具有一种自我调理的功能。一旦这种自我调理的功能消失了或减弱了，人就会生病，社会就会失调。人体的自我调理的功能，以及社会的自我调理的功能，如果细分一下，可以分为亢进性的和抑制性的功能。亢进性的功能指外向的、活动的、积极的作用的发挥，抑制性的功能指内向的、保守的、消极的作用的发挥。一般情况下，两种功能同时发挥作用，使人体或社会自我调整，保持和恢复平衡。这就是说，在正常状态下，人体或社会既不会过于亢进，也不会过于抑制，而且即使有时亢进多于抑制或抑制多于亢进，在经历一个过程后也会自然恢复过来，又回到平衡之中。[①]

现在需要讨论的是：假定不存在政府调节，社会还有没有这种自我调理以恢复平衡的功能。显然是有这种功能的，否则在政府尚未形成、政府调节尚未出现时，人类社会怎会持续存在了那么多年？假定既不存在政府调节，又不存在市场调节，社会还有没有这种自我调理以恢复平衡的功能。显然也是有这种功能的，否则，正如本书第一章中已经谈到的，在市场调节与政府调节都还没有出现时，人类社会怎会持续存在了那么多年？在市场调节力量与政府调

---

① 参阅厉以宁:《社会主义政治经济学》，商务印书馆 1986 年版。

节力量都达不到的偏远地区，或者，在市场调节与政府调节都已不起作用的社会大动乱的年代里，人类社会不是照样存在，照样运转吗？那么，社会的这种自我调理以恢复平衡的功能究竟来自何处？它是怎样起作用的？

社会由无数的个人所组成，人们在一起生活，一起工作，人与人之间存在着各种各样的联系，秩序对于每一个社会成员来说，都是关系到自己能否安定地生活和正常地工作的头等大事。人人要求社会有秩序，不管什么样的秩序，有秩序总比无秩序好得多。无秩序必然造成混乱，混乱不仅使社会成员无法进行工作，生活上遭到损害，甚至连继续生存都有问题。因此，社会成员对秩序的要求是迫切的，为的是避免混乱，避免受到损害。市场调节提供的是一种秩序，政府调节提供的也是一种秩序。市场调节一经出现后，为什么在凡是有市场活动的地方都有市场调节下的秩序，是因为人们希望有一种秩序。政府一经形成后，为什么凡是在有政府的地方，或者说，凡是在政府的力量能够达到的地方，政府总是要维持一种秩序？原因在于，一方面，人们希望有秩序，从而能够接受某种秩序；另一方面，政府也希望有秩序，并要求人们遵守这种秩序。

由于人们普遍要求秩序，谁也不愿意看到无秩序状态的出现，于是社会便具有一种自我调理以恢复平衡的功能。自我调理，意味着趋向秩序，适应秩序；恢复平衡可以看成是恢复秩序或重新建立秩序的另一种表述。社会经济的过热或过冷，都表明社会经济正常运行的节奏被破坏、社会经济的秩序被打乱了。在这种情况下，通过人们对恢复平衡，也就是恢复秩序或重新建立秩序的要求，社会经济自身就会不断地进行调整。因此，即使没有市场调节与政府调节，社会经济在经历一段时间的亢进或抑制之后，也会逐渐地恢复过来，逐渐趋向于平衡，只不过所需要的时间可能较长而已。这就告诉我们，对绝大多数社会成员来说，对正常的生活和工作秩序的要求使社会经济有一种内在的趋向平衡的机制。如果再有市场调节，那么这种使社会经济趋向平衡的过程就会加快；如果再有政府调节，而且政府调节是适当的，那么社会经济也可以较快地趋向平衡。

正常的秩序同社会的协调与适应有关。由于人不是单纯的"经济人"，而是"社会的人"，所以社会的协调不仅是从经济上着手就能实现的问题。至于人同社会的适应、人们彼此之间的适应，那就更不可能归结为经济方面的适应，协调与适应的意义远远超出经济问题以外。可以用企业中实际存在的情况作为例证。

在一个企业中，为了提高效率，在管理中经常使用经济手段，例如发放奖金或扣发奖金，增加工资或降低工资，等等。依靠物质奖励或处罚的做法固然有用，但不难发现，诸如此类的做法具有较大的局限性。当职工的想法发生了变化，或者当职工的收入达到一定的水平而奖金或罚款相形之下只占较小的份额，或者市场上可供职工选择的商品很少，职工即使有钱也买不到自己所想要的商品时，职工会感到有没有奖金是无所谓的，罚不罚款也是无足轻重的，于是奖金或罚款就不再像以往那样起作用了。在企业管理领域内，以"适应性原则"来代替"激励原则"，便成为不可避免的趋势。"适应性原则"强调的是主体与客体的适应，即如何使客体感到自己与主体是不可分的，也使主体感到自己与客体是不可分的。这种适应关系有时被称做"视为一体"，也就是指人际关系中的充分的、完整意义上的协调一致。以企业内部的人际关系或领导与被领导之间的关系来说，"适应性原则"的实现意味着：职工感到自己同企业是不可分的，"企业就是我的家，我就是企业的一分子"；企业领导人则感到自己同职工是合为一体的，职工的事情就是自己的事情；于是在企业工作中，企业与职工共命运，两者的关系协调一致。在一定的技术条件下，这种主体与客体的适应必然产生高效率。

适应不限于企业内部的人际关系。社会各种力量之间的关系，也适用于"适应性原则"。"适应性原则"在社会范围内，同样能产生高效率。可以把政府与民众之间的关系作如下的分析：维持社会秩序是政府的任务之一，要维持社会秩序，政府有必要依靠强制手段。强制手段是不可少的，但强制手段存在着局限性。因此，政府在维持社会秩序的过程中，除了要依靠强制手段以外，还应当尽可能有效地建立适应关系，让人们感到政府是自己的政府，政府的目标就是自己的目标，自己同政府是不可分的。这就是社会政治生活领域内主体与客体的"视为一体"。而从政府的角度来看，如果在社会政治生活中真正建立了适应关系，不仅管理成本，即维持社会秩序的成本会大大减少，而且管理的效果也会不断提高。在社会领域内，协调与适应同样是产生效率的源泉。

很难设想，当一个主体感到自己同客体总是格格不入时效率会不下降？也很难设想，当任何一个客体处处感到自己同主体"想不到一起""做不到一起""力量使不到一起"时效率会有所提高？企业如此，社会也如此。

二、社会变动中的协调与适应

在一个静态的社会中，社会的协调与适应一般是比较容易实现的。而在一个动态的社会中，在一个不断变动着的社会环境中，社会的协调与适应就会困难得多。

　　长期内人类社会基本上是一个静态的社会。静态的社会也就是一种定型的社会。在这样的社会中，一个人一生的活动范围往往是很有限的，因为社会流动性很小。一个人，从小到大，几乎都在相同的环境中活动，同相同的一些人来往，人与人的交往范围是很窄的。不仅如此，从一个人小时候的处境，大体上就可以预测到他今后会从事什么职业，怎样生活，同什么样的人结婚，他的孩子会怎么样，等等。这种预测基本上是准确的，这就是静态社会的特征。既然如此，一个人同他所交往的人们的适应，无疑简单得多。

　　现代社会已经不可能再是这样的社会。现代社会是动态的社会，也可以称做变动中的、非定型的社会。在这样的社会中，社会流动性不仅相当大，而且会越来越大，社会的变动也会越来越快。这种变动是由科学技术的发展所引起的。随着社会的变动，人际关系也在不断变动之中。在静态社会中，一个人在青少年时代所学到的知识、手艺，一辈子都有用，他完全可以靠那时掌握的技能生活下去，而在动态社会中，一个人在青少年时代所学到的一切很快就不适用了，他必须继续学习，而且随着知识更新速度的加快，继续学习一直不能放松。在动态社会，一个人，从小到大，是在各种不同的环境中活动的，同一批又一批不同的人交往。一个人小时候怎样，不能由此预料他将来会怎样。机遇会不断涌现，但机遇如果未被抓住，又会迅速丧失。总之，一切都是变动的，变动的速度还在加快。人为了生存，为了发展，就必须学会如何去适应环境，适应社会的变动，适应人际关系的变动。适应，已经成为生活的必需。

　　在静态的社会中，尽管每个人的生活变化不大，尽管由于社会经济的缓慢发展甚至停滞而使人们的收入水平很低，生活质量也很差，但却给绝大多数人一种稳定的感觉。稳定似乎等同于幸福，这样绝大多数人身在静态社会之中，也就知足了。静态社会给人们带来的这种稳定感，甚至还告诉人们：生活就是这样，不需改变它，而且谁也改变不了它。一个人往往不需要思索就知道如何同周围的环境相适应。在静态的社会中存在着一些团体，包括由血缘关系组成的，由地域关系组成的，或由经济或政治关系组成的，个人总会属于某些团体，这时，遵守团体的规范就形成正常的秩序，个人行为服从团体的规范，个人利益从属于团体的利益，这些都出于人们想有一种正常秩序的愿望，也同人们不愿变动或认为不必变动的稳定感有关。人们越是有稳定感，越是感到知足，社会变动的可能也就越小。

动态社会的情况与此截然不同。尽管由于社会经济的发展加快和技术进步的加快而给人们带来不少机遇，带来收入水平的上升，带来物质文化生活条件的改善，但却给人们一种不稳定的感觉。不稳定似乎就是烦恼产生的源泉，生活在变动的社会环境中仿佛就是生活在无休止的烦恼之中。不仅如此，团体给团体成员以稳定的感觉也破灭了。团体本身同样在变动。比如说，人们多次迁移就意味着不停地由一个团体（社区）转移到另一个团体（社区）；人们多次改变职业也意味着不停地由一个团体（行业或职业组织）转移到另一个团体（行业或职业组织）；甚或婚姻的变故、成年子女同父母的分居和自立门户，同样意味着由一个最小的团体（家庭）改换到另一个最小的团体（家庭）。甚至有的团体同另一个团体处于不和谐或对立的状态，这就加重了人们的不稳定感。

社会从静态转向动态是不可避免的。然而，在社会变动过程中有不稳定的感觉的人，不仅适应不了现实社会，而且很可能看不惯社会的变动，对动态的社会有反感，而总想再返回到静态的社会去，自认为只有过去那种静态的社会才是可以适应和可以接受的。

在他们看来，现状总是不能令人满意，回忆似乎更好些，哪怕过去的日子并不如现在，但从回忆中仍可以得到某种安慰，找到一种精神上的寄托，这样，既谈不到有什么激情，也不会有什么积极性，效率当然不可能提高，因为有这种情绪的人是不会有什么工作动力的。返回静态社会的愿望在有些人身上会表现得比较强烈，于是就会形成效率增长的障碍、社会前进的障碍。本来这只是一部分人对变动中的社会不适应的个人问题，但却有可能逐渐变成社会问题、社会心理问题。

为什么说这可能成为社会问题、社会心理问题呢？要知道，社会一旦走出了静态社会的阶段，就再也不会回到那个阶段去。在一些人身上，心理的不协调表现得很明显，但又无可奈何，这样，在社会前进的大潮中很可能形成一股逆流。社会学家埃尔顿·梅欧（Elton Mayo）对这个问题曾作过分析，他指出，社会组织有两种不同的原则，一是已经定型的社会，一是适应变动的社会。定型社会的例子，在最低的层次上，例如澳大利亚土著居民的成套仪式；在较高的层次上，例如维多利亚时代的英国社会、美国新英格兰的早期工业社会，或19世纪80年代澳大利亚的城市等。社会经济发展起来了，定型社会不再存在了，人们想回到过去是不可能的，于是就会产生不满，即对于现实社会的不满。梅欧认为，现代大部分自由主义运动或者革命运动，正是起源于从目前的不安定局面返回到定型社会的一种强烈的愿望，而这种愿望实际上是反动的、同时代的精神是相反的。① 梅欧的分析有事实根据，对变动中的社会的适应已经成为现代社会经济生活中的一个重要问题。

---

① 参阅梅欧：《工业文明的社会问题》，黄孝通译，商务印书馆1964年版，第25—26页。

对变动中社会的适应大体上包括四个方面：

第一，承认现实。要承认社会已经不可能返回到过去了，现实是难以更改的。只要有重大的科学发现和新技术的应用，便会有社会组织或社会生活方面的相应变化。这就是现实。如果不承认现实，总是留恋静态社会，那么任何适应也就无从谈起。所以承认现实是适应的出发点。

第二，了解现实。了解现实以承认现实为前提。现实的社会环境与过去的社会环境相比，有许多不同之处。但不能只看表面现象，而需要深入进行比较，才能发现这些不同从何而来，其意义何在。一个明显的例子是：当一个人生活在农业社会中时，他同外部世界几乎是隔绝的，他同外部世界的联系局限于十分狭窄的范围内，外部世界的实际情况并不被他所了解，因此，他认为社会是稳定的，是可以适应的。从农业社会转变到工业社会后，一切都改变了，一个在农业社会中长期生活的人会感到变化太大，也太快，对外部世界难以把握，总是感到自己不但不适应外部世界，甚至被外部世界所遗弃，不适应主要由此而来。而一旦进入信息社会之后，在工业社会中长期生活的人，同样会感到变化太大太快，落伍于时代的感觉、被世界所遗弃的感觉会更加突出，这样就产生了不适应。由此可见，一个人要取得同社会环境的适应，要实现同外部世界的协调，就应当深入了解现实社会的特征，了解这种不适应的原因何在。

第三，在承认现实和了解现实之后，就应当按照现实社会的要求来改变自己已经不适应的观念和思考问题的方法，而不能认为自己是注定不能同变动中的社会相适应的，不能信心丧失。例如，从计划经济体制向市场经济体制的转变就是一场深刻的社会变革，相应地需要有观念的更新。在计划经济体制下生活和工作多年的人，已经习惯了"铁饭碗""大锅饭"，而在市场经济体制下，过去习惯的东西消失了，过去不习惯的东西涌来了，下岗与再就业就是一个新问题。如何适应于现实社会，如何同变动中的社会环境保持协调，这并不是不能解决的。在任何场合，只要通过努力，总会增加自己的适应能力。如果对变动中的社会与周围的人际关系只是抱怨，只是嗟叹，不仅问题无法解决，而且不满情绪还会增长，结果，社会在继续变动，自己同现实社会的距离却越来越远了。

第四，用自己的行动来参与现实条件下的社会经济发展，使现实社会继续朝着符合社会经济发展目标的方向变化，在社会变动过程中成为一个主动的适应者，而不仅仅是一个被动的适应者。对现阶段的中国人来说，适应体制的变化尤其具有现实意义。社会在变化，体制也在变化，人们总是生活在逐渐变化中的体制之中。体制是社会积累的产物，它构成人们生活和工作的社会环境。体制的变化，有些是急剧的，但更多的是渐进的，每一个人实际上都在参与体制的逐渐的、缓慢的变化，但可能自己并未意识到。体制的渐进式的变化，不是每天、每月，甚至每年都能察觉的，但隔了一段时间，几年、十几年、几十年，再回头看一看，体制的变化就明显了。人们也许刚刚适应目前已经发生的体制的变化，而下一步的体制的渐进式变化却又悄悄地起步了。所以人们只有用自己的行动来参与社会经济发展，才能更好地适应社会的变化、体制的变化。

三、个人压抑感或孤独感的化解

从另一个角度来考察，在社会不断变动的过程中，一个人如果不能同变动中的社会相适应，不能同变动中的人际关系相适应，而无论社会还是人际关系又都不可能返回到以往的状态，那么个人心理上的不协调就有可能形成一种压抑感或孤独感。这是一种相对稳定的平衡状态崩溃时所产生的个人压抑感或孤独感。这种压抑感或孤独感的存在，表明个人在不适应社会时产生了一种从心理上远离社会，甚至躲避社会的无可奈何的思想情绪。换句话说，在变动的社会中，某些人之所以会有压抑感或孤独感，主要原因在于自己感到相对稳定的生活遭到破坏之后而又不能同变动了的社会相适应，从而感到自己越来越不合群，越来越感到自己成为"被遗忘的人"。尽管社会并未抛弃任何人，但某些不能适应于现实的人总认为自己被社会所抛弃了。

变动中的社会不可能只有个别人存在着压抑感或孤独感。当一些有压抑感或孤独感的人相聚在一起时，当倾吐对现实生活的不满成为他们共同的话题时，就会出现一种"集团性的被压抑感"或"集团性的孤独"。这是社会变动过程中不满情绪产生的根源之一，也可能是新旧文化交替过程中新旧文化冲突的表现之一。社会发生变动时，新旧文化也一直处于不断交替之中，旧文化无法适应变动着的社会，新文化不可避免地逐渐取而代之。[①] 有压抑感、孤独感的个人或集团，自觉或不自觉地倾向于维护旧文化，疏远或拒绝新文化。这反映在社会经济生活中必然导致效率的损失，包括某个企事业单位的效率损失和整个社会的效率损失。这种效率损失一般说来同技术水平或工作者的文化程度没有直接的联系。效率损失主要来自不适应、不协调。

---

① 参阅江滨："自荒漠中开掘甘泉"，载《读书》，1988 年第 9 期。

　　个人的压抑感或孤独感还可能来自个人年龄的增大和经历的变化。社会的变动是不间断的，当人的年龄增大后，同社会的适应程度却有可能随着年龄的渐增而逐渐下降，于是将出现这样一种情况，即年轻时能跟上社会变动的节奏而同社会的变动相适应，年纪大时却跟不上社会变动的节奏了。年轻时不感到压抑或孤独，年纪大时却渐渐产生了压抑感或孤独感。当然，这绝不是不可改变的状况。应当明确，在动态社会中，尽管处处都有新旧两种文化的冲撞，总会有人只适应旧文化而不适应新文化，或者有人既不喜欢旧文化也不喜欢新文化，然而新旧文化的夹缝也是处处存在的。既不喜欢旧文化也不喜欢新文化的人，有可能在新旧文化的夹缝中暂且栖身，或在新文化的入门口附近徘徊。现实生活中这种情形并不是罕见的。

　　其实，既然社会在不断地变动，旧文化在渐渐退却，新文化在悄悄成长，那么变动的社会中的新旧文化的夹缝也是变动的，逃避现实总不是办法。人们总要作出选择。已经形成的压抑感或孤独感，主要应由个人自己设法去化解，而解决这个问题的途径只能是：不管什么人，多大年纪，有过什么样的经历，在变动的社会中都需要承认现实，了解现实，按照现实社会的要求来转变过时的观念和思想方法，以及不断用自己的行动来参与社会经济的发展，促使社会朝着符合社会经济发展的方向变化。

　　还需要指出，在社会经济发展的漫长过程中，变动着的社会依然带有过渡性质，它不可能、也不应该是终点站。变动着的社会仍处在继续变动之中，所以它不会是一个完美无缺的社会。与静态社会相比，动态社会除了给人们以一种不稳定的感觉而外，肯定还有某些缺陷或不足之处。一个人同变动着的社会相适应，并不等于他认为这样的社会是没有缺陷或不足之处的社会，更不是说他会把这些缺陷或不足当成优点，这只是表明他承认现实，接受现实，按现实的要求来调整自己的行为和思想方法，以适应现实。假定这些缺陷或不足之处在社会变动过程中很难避免，也很难立即被克服，甚至它们是作为社会变动中必须付出的代价而出现的，那么一个了解现实的人就应当清楚地认识到这些，并力求在与变动着的社会相适应的同时，在自己所参与的社会经济发展中，为纠正这些缺陷，弥补这些不足之处，以及尽量缩小它们的不利影响而出力。

总之，不协调、不适应带来效率损失，协调、适应产生效率。效率始终伴随着协调与适应。在社会变动过程中，只有不断协调，不断适应，效率才会不断地提高。

第三节　互助共济与效率增长

一、从治水与中国传统精神说起

第二节中曾提到协调与适应同新旧文化的交替有关。为了对文化问题有较深刻的理解，让我们先对中国历史上的治水问题作一些分析。

史料表明，中国古代屡遭严重的水灾，历朝历代的政府都把治水当做一件大事。由于中国古代就着重治水，于是国外有的研究中国历史的人便由此断言，出于治理洪水的需要，在中国这块土地上很自然地形成了高度集权的专制制度。他们的逻辑是这样的：没有一个高度集权的专制政府，怎能组织如此宏大的治水工程？似乎中国古代的专制制度渊源于经常性的洪水泛滥和庞大的治水工程。于是治水、集权、专制制度三者就不可分割地被拴在一起了。这种观点曾经在国外出版的一些有关中国历史的书籍中被宣传过，以致有人把治理洪水所需要的高度集权与专制制度称做东方的传统。

为什么在中国古代会形成高度集权的专制制度，这是一个十分复杂的问题，不可能在这里展开讨论。庞大的治水工程同专制政府作为治水的组织者之间有一定的关系，看来也不能完全予以否认。但就从洪水泛滥与治水事业来考察，历史所给予我们民族的影响，绝不是用以高度集权与专制制度为特色的所谓东方传统所能概括的。如果说中国的民族传统同治水事业有关的话，那么所得出的结论应当是这样的：是疏导而不是堵截，是化解而不是淤结，是多方协调而不是独断独行，是互助共济而不是见利忘义，这就是几千年治水经验所留给后人的精神财富。

重在疏导而不在堵截，这是中国人历代治水宝贵经验的汇集。从封建王朝的最高统治者到各级政府官员，只要办过水利，处理过水灾水患，全都明白这个道理。堵截，至多成功于一时，但最终没有不失败的。疏导，才是有效的治水途径。疏导就是顺应自然。重在疏导，这个由治水得到的经验后来被广泛用于社会政治生活的其他方面，从而在中国历史上和现实中产生了深远的、不可低估的影响。即使在民间，人们也往往用疏导二字来处理家族矛盾、邻里纠纷。化解的含义同疏导是相似的。人际关系中经常会发生一些摩擦或冲突，甚至逐渐留下了积怨。怎样对待它们？离不开疏导，离不开化解。如果说历年治水对中国民族传统的重大影响之一在于对疏导的重视和对化解的重视，可能并不过分。和为贵之所以成为中国民间待人处世的原则，不是偶然的。

从经济学的角度来看，人的因素在效率增长中起着重要作用。生产经营和管理同治水一样，都要尽可能地发挥人的因素的作用。而在处理人际关系时，同治理水灾水患一样，重在疏导而不在堵截，重在矛盾的化解而不在问题的淤积，这是效率增长的源泉，也是效率增长的保证。

正因为重在疏导，重在化解，所以在中国历史上的某些年份出现了盛世。盛世，是疏导精神占据主流的年代，是社会上不少矛盾得以化解的年代。至于中国历史上某些年份之所以发生大的动荡、混乱，从某种意义上说，可能恰恰是由于政府背离了疏导原则和以化解为主的处理矛盾的方式。

疏导，既有疏，又有导。疏是疏通、疏散之意，导是指引、分流之意。化解，既有化，又有解。化是指化开、稀释，解是指剖析、松绑、消散。疏导和化解包含着宽容。矛盾宜疏不宜堵，宜解不宜结。以宽容的精神来处理人际关系中的摩擦、冲撞，即使是多年累积而成的疙瘩，也会逐渐消散。如果用堵截的方法来处理社会上的矛盾和纠葛，更有可能使矛盾越积越多，使日后的处理更加困难。治水给中国人的宝贵经验正在于此。

治理一条大江大河，需要多方协调，需要互助共济。上游与中下游，左岸与右岸，城市与乡村，这一州县与另一州县，这一村庄与另一村庄，无不处于同一个大协作网之内。对洪水的防治，对水灾水患的治理，既要靠疏导，也要靠协作。无论是在高度集权的政治结构之下还是在诸侯割据的政治格局之下，没有各个地区的协作，洪水及其造成的灾害依然是难以消除或减轻的。与治水有关的地区协作，尤其是民间的协作，历史久远，它们同样形成了中国的民族传统中的优秀部分。协作意味着齐心，团体的凝聚力、社会的凝聚力是在协作的基础上产生并巩固的。正由于有这种凝聚力，使得中国在历史上尽管曾遭到多少次内忧外患、战乱和灾难，但社会没有解体，民族没有衰亡，经济照常运转，人民照常生息、繁衍。什么是效率？这就是最大的效率，是经济学家一般不考察或不注意的效率。效率的背后是社会的协作精神，是社会的巨大凝聚力。

二、互助共济的启示

从中国历朝历代的治水可以清楚地了解到，在中国这块辽阔的土地上，存在着以疏导、化解、宽容、协作精神为特征的民族传统，这是一种超越市场与超越政府的历史文化传统。社会的凝聚力由此而来，效率也由此而生。

几千年来，中国这块土地是多灾多难的。水灾，只是若干种灾难中的一种。洪水、地震、兵灾、匪乱，都给人民造成巨大损失。洪水过后要重修堤岸，再建家园。地震过后要在废墟之上新盖民居，新建村镇。兵灾匪乱之后，人们重返故土，恢复平常的生活。在避难中，离不开人们的互助共济；在重建家园时，同样离不开人们的互助共济。正是依赖这种互助共济，中国人在历尽磨难之后，不仅生存下来了，而且继续发展生产、发展经济和文化。互助共济，使中国人增添了同各种灾难抗争的毅力。

互助共济是来自民间的。一方有难，八方支援。捐资解囊，是互助共济；投亲靠友，也体现了互助共济。来自民间的这种互助共济，是一种特殊的社会保障，因为它是非组织性质的、自发的，而这种非组织性质和自发性质的互助共济，依旧带有一种浓厚的自觉成分。假定人们缺乏自觉性，对受灾受难的人的帮助能持续存在吗？互助共济的精神能发扬吗？能被一代一代继承吗？互助共济的精神是习惯与道德力量的体现，而习惯与道德力量在建立这种特殊的社会保障中的作用是市场与政府都无法替代的。

当然，在政府形成以后，政府理所当然地承担了社会救济的责任。在政府的支出中，不管数额多少，用于社会救济的支出总是支出项目之一。政府用财政支出来救济灾民或给鳏寡孤独者以补助，是从维持社会安定的角度来考虑的。以对灾民的救济来说，政府的救灾支出通常满足不了需要，所以来自民间的互助共济性质的社会救济始终起着重要的作用，在某些大灾之年，这种社会救济的作用更为突出。此外，与政府救济灾民主要着眼于维持社会安定这一出发点不同，来自民间的社会救济尽管也含有维持社会安定的意思，但更为重要的，则是出自人们对受灾受难的人的同情心，出自人们对其他人的命运和遭遇的一种关怀。捐资解囊的人并不打算从自己的捐助中得到什么回报，他们这样做，只是表明自己在尽到一份责任。如果说习惯与道德调节同市场调节、政府调节相比有种种区别的话，那么在习惯与道德力量影响下，人们出于同情心和责任感而对灾民或其他受难者的救济，就是区别之一，因为这种救济行为纯粹发自人们的内心。

互助共济与效率之间是什么关系？在防御洪水侵袭的过程中，在洪水成灾迫使居民逃难的过程中，以及在水灾过后人们重建家园、重建村镇的过程中，互助共济促使效率增长。不妨设想一下，如果没有来自民间的互助共济，受灾地区人民的生命财产损失不知会增加多少！水灾过后，灾区的恢复重建工作怎会取得这么大的成效？这不是效率的增长又是什么？有了互助共济，灾民不但生活上有了一定的保障，而且抗灾、自救、恢复重建的信心会增大。有了充沛的信心，效率将会提高，这已被无数史实所证明。因此，治水和战胜水灾的历史所留给我们民族的，不仅是对疏导和化解的重视，也不仅是对协作精神和宽容精神的强调，而且还包括这种互助共济的传统。效率是在人际关系协调中涌现的，疏导、化解、协作、互助共济，在促进人际关系协调的同时，也带来了效率的不断增长。

三、对历史上互助共济行为的进一步分析

让我们再以西欧中世纪城市刚刚兴起时的互助共济行为作为例子，对互助共济与效率增长之间的关系作进一步的分析。这将有助于我们从另一个侧面来了解效率增长的源泉。

在中世纪的西欧，在城市刚刚兴起之际，自然灾害频繁，战争时常发生，城市居民所需要的食物和其他生活必需品要靠外界供应。但这种供应并不是有保证的，一旦供应中断，不仅城市的社会秩序和正常的经济活动无法维持，连城市居民的日常生活也维持不下去，效率增长问题就无从谈起。简言之，连人都活不下去了，还谈什么效率或效率增长！

为此，一些中世纪的西欧城市在当时的特殊条件下，采取了组织城市经济生活的措施，城市居民拥护这些措施，遵守城市立下的规章制度。城市组织经济生活的措施以及城市居民对城市有关规定的遵守，都体现了互助共济精神。例如，有的城市规定不许囤购粮食，不许面包作坊购买超过实际需要的小麦，不许城市里的作坊或居民到农村去预购粮食。有的城市还规定每个居民家庭一定时间内或一次购置粮食的最高限额。诸如此类的规定为的是不要让任何一

个居民家庭因断粮而饿死。[1]

又如，有的城市公开宣布禁止"优先购买"，这就是说，由外地运入本城市的商品，必须先运送到城市指定的公开市场去出卖，供市民们自由选购，在一定的时间内，只零售，不批发。例如，在德国的符茨堡，当外地一条运煤的船到达该城市后，前八天只准零售，每户居民都可以来购买，但至多不超过 50 筐煤。八天以后，剩下的煤才准许批发出售。[2] 在英国的利物浦等城市，规定到达港口的全部生活必需品，都先由城市当局以城市的名义买下，再由城市配售给商人、手工业者和一般城市居民，人人都得到规定的一份。在法国的亚眠等城市，盐作为生活必需品，是由城市配售的；在意大利的威尼斯，一切粮食的买卖都由城市经营，以保障每个城市居民的需要。在中世纪的西欧，有些城市还实行过这样一种制度：外来的商船靠码头时，船上的商人要立誓，说明货物的成本和运费，然后由城市派遣的价格评议员根据商人的申报，定出价格，这才准许商船卸货，在本城发售。以上所列举的这些，尽管都属于中世纪西欧城市为保证城市供应正常的政府行为，但政府的行为仍同当时城市中流行的互助共济精神有关，而市民们之所以接受这些政府调节经济生活的措施，也同当时城市中的互助共济精神的影响有关。[3]

中世纪西欧城市在刚刚兴起时所采取的互助共济性质的措施有较广的范围，不限于组织生活必需品的供应。例如，为了更好地组

---

① 参阅皮朗：《中世纪欧洲经济社会史》，乐文译，上海人民出版社 1964 年版，第 156 页。

② 参阅克鲁泡特金：《互助论》，李平沤译，商务印书馆 1963 年版，第 167 页。

③ 参阅奇波拉主编：《欧洲经济史》，徐璇、吴良健译，第 1 卷"中世纪时期"，商务印书馆 1988 年版，第 63—64、278—279 页。

织城市经济生活，有些城市设立了"公灶"，让家里有困难的人到那里去烘烤面包；有些城市在郊外保留了公共林地和公共牧场，允许市民到那里去砍伐树枝，作为燃料，或在牧场自由放牧；有些城市中还设立了公营的当铺，在建立之初往往不收利息，或者只收很低的利息，其目的是使城市中的穷人免受高利贷的盘剥。[①] 在中世纪的西欧，城市刚兴起时，街道狭窄，住户拥挤，许多房屋是用木料建造的。为了防止火灾，不少城市很早就成立了义务消防队，把防火作为城市生活中的一个重要组成部分。有些城市为了保证本城市的居民能正常生活，还规定义务的巡街值夜制度，成年男子都有巡街值夜的义务。

以上所有这些都清楚地说明了在中世纪的西欧城市中，在互助共济精神的影响下，公益性的、公共服务性的设施被城市当局和城市居民们看得何等重要。从经济上看，这显然是与当时社会较低的生产力水平和城市在兴起时的艰难处境有关的。在社会生产力水平低下，城市生活必需品供应不足，而城市与乡村又处于彼此对立、彼此隔绝的状态中，不采取这样一些措施，城市怎能继续存在下去？怎能进一步发展？可以认为，是一种互助共济的精神，使城市在艰难的年代里经受了考验，使城市以后逐渐成为吸引商人前来和吸引农奴前来的中心。如果要联系到效率问题来进行分析的话，十分明显的是：城市能够持续存在，能够不断发展，这本身就体现了效率，而且这种效率是同城市中的互助共济精神分不开的。互助共济，既保护了城市中的弱者，也保护了无论是弱者还是强者的共同

---

① 参阅奇波拉主编：《欧洲经济史》，徐璇、吴良健译，第 2 卷"十六和十七世纪"，商务印书馆 1988 年版，第 457—458 页。

庇护所——中世纪西欧的城市。从这个意义上说，互助共济是对每一个城市居民的保护，不管他来自何处，从事什么职业，身边有多少财富，只要他来到这座城市中，他就受到城市的保护，包括城市中的互助共济精神的保护。

四、互助共济的精神不会消失

从中世纪西欧城市兴起时的情况可以看出，互助共济精神在历史上确实发挥过促进效率增长和保证效率增长的重要作用。但这也涉及另一个问题，城市当局所实行的组织城市经济生活等措施后来又变成了阻碍技术进步和不利于效率增长的措施，那么这是不是说，互助共济也有其消极的、反面的作用呢？

怎样看待这个问题？有必要仍从中世纪西欧城市的措施谈起。在城市刚刚兴起时，在当时的历史条件下，城市手工业者为了维持行业稳定，对于市场竞争采取了一系列限制性措施，其出发点也是想使本行业有较好的发展前景，并想使本行业的从业者有安定的生活。例如，在不少城市中，由手工业者所组成的行会对会员的生产经营有下述规定：开店的手工业者不准从事贩运活动，即不准兼做行商；手工作坊不许招贴广告以招徕顾客，不准拉顾客上门，不准削价出售商品。在某些城市，行会还禁止手工业者游街串巷，上门服务。例如，14世纪初年，德国赫尔姆城禁止裁缝师傅上门干活；14世纪中期，德国法兰克福城禁止鞋匠上门补鞋做鞋。上门干活被认为会加剧竞争，扩大同行业人员之间的摩擦，并使他们之间的收入差距拉大。

又如，在当时的手工作坊中，按照行业的规定，劳动时间的多少也是有限制的。一般只允许从日出到日落之间进行生产和营业，只准利用自然照明，不许在灯光下干活，夜班被严格禁止。关于工资制度，行会也有规定：学徒只供食宿，没有工资。帮工的工资水平和发放工资的日期都有规定，禁止超过标准支付额外的工资或奖金。工资一般实行日工资制或周工资制。由于计件工资会增加产品数量，加剧竞争，所以许多城市禁止采取计件工资制，只是后来由于瘟疫流行，城市一度缺乏劳动力，计件工资制度才被某些部门采用，即使如此，计件工资的支付标准仍然统一规定。此外，行会还禁止行东们采取任何形式的联营或合并，以防止大型作坊的出现。

对中世纪西欧城市的限制竞争措施的作用，要有历史的分析。在城市兴起的初期，这些限制竞争的措施对城市的稳定和发展、对城市居民生活的安定及效率的增长，都起过积极的促进作用。互助共济精神在这些措施的制定与实行中也表现得比较明显。但后来，随着城市经济的发展和市场规模的扩大，这种限制竞争的措施束缚了生产者的主动性、积极性、创造性，阻碍了技术的进步和效率的提高，它们与发展生产力的要求是抵触的，从而这些限制市场竞争的措施便逐渐被摒弃。现在要探讨的问题是：如何看待这种互助共济精神？如果说中世纪西欧城市兴起之初，带有互助共济性质的城市组织经济生活的措施、行会限制竞争的措施是有积极作用的，因此对互助共济精神应当予以肯定，那么到了中世纪西欧发展的后期，当这些措施已经阻碍技术进步，阻碍效率增长，同社会生产力的发展要求相抵触时，是不是认为互助共济精神过时了？不能得出这样的论断。限制竞争的行政措施过时了，但这不等于互助共济精神的过时。

前面已经谈到，人们的互助共济精神是发自内心的，它出于对他人的同情心和对社会的责任心，因此在他人遇到困难的时候给予帮助而不要求有什么回报。在这种精神的影响下，在不同的历史时期和不同的场合，政府或团体会实行一些措施，目的在于保证所有的人都能免于饥饿，尤其是使贫困的家庭不至于无法生活下去。对中世纪西欧城市采取的有关措施，应当结合这些措施的目标来进行评价。

然而，对任何政府措施或团体措施的评价，包括对中世纪西欧城市当局的措施和行会这样的团体的措施的评价，都不能脱离历史条件而孤立地进行。当中世纪西欧城市的经济发展到一定阶段后，城市当局和行会的措施已成为生产力发展和效率增长的障碍时，历史上曾经起过积极作用的措施丧失了那种积极作用而变成了过时的东西，摒弃它们是必然的。但这只是表明具体的政策措施的过时，互助共济精神作为道德力量的一种体现，是不会过时，也不应消失的。在新的历史时期、新的社会生产力水平下，人们的互助共济精神可以而且应该体现于另一些与时代相符的形式。如果认定只有以前那种政策措施才能体现互助共济精神，从而不准备改变过时的政策措施，那是一种误解，其结果必定是互助共济精神的扭曲。历史条件变了，具体的政策措施可变，互助共济精神则会长存。

克鲁泡特金在其名著《互助论》中曾有一段精彩的论述。他写道：国家吞没了一切社会职能，这就必然促使个人主义得到发展。对国家所负义务愈多，公民间相互的义务愈来愈少。在中世纪，每一个人都属于一个行会和兄弟会，两个"弟兄"有轮流照顾一个生病的弟兄的义务；而现在，只要把附近的贫民医院的地址告诉自己的邻居就够了。在野蛮人的社会里，当两个人由于争吵而斗殴的时候，第三个人如果在场而没有劝阻，致使它发展成命案，这样的行为意味着他本人也将被当作一个凶手看待。但是，按照现在的一切由国家保护的理论来说，旁观者是用不着去干涉的：干涉或不干涉，那是警察的事情。在蒙昧人的土地上，在霍屯督人中，如果在吃东西之前不大叫三声，问问有没有人来分享，就被认为是可耻的行为；而现在，一个可敬的公民，只要缴纳济贫税就够了。他可以坐视饥饿的人在挨饿。①

应当指出，克鲁泡特金的这段论述虽然相当精彩，但却犯了感情胜过理性分析的通病。国家行为是一回事，民间的互助共济行为又是一回事，两者是不可混淆的。互助共济的精神是值得提倡的，而且这种精神会一直存在下去，只不过在某些情况下强烈些，在另一些情况下较弱而已。国家的政策措施则应随着历史条件的变化而调整，不能不顾客观情况而照搬以往采用过的办法。

克鲁泡特金在这里一共举了三个例子：中世纪的、野蛮人的、蒙昧人的。

关于中世纪的例子，可以这么说，这里所提到的是团体（行会）行为而不是政府行为，行会让成员们轮流照顾患病的成员，这属于互助共济的行为，而且同成员们出于互助共济精神而愿意承担这一义务有关。在行会解体以后，这种精神是应当保存下来的，至于人们采取什么方式来照顾患病的邻居或同事，那是另一个问题。不能认为必须沿用行会实行过的那种办法。真正的问题在于：随着行会的解体与时代的变迁，互助共济的精神淡薄了。这才是应当注意的。

---

① 参阅克鲁泡特金:《互助论》，李平沤译，商务印书馆 1963 年版，第 205—206 页。

关于野蛮人的例子，可以这么说，克鲁泡特金把法律与习惯或法律与道德之间的界限弄模糊了。在野蛮人那里，法律尚未出现，只能按习惯或道德原则来处理，所以当两个人发生斗殴时，如果在场的第三个人不出来劝阻，就要受到习惯或道德的制裁。这体现了互助共济作为一种道德原则在野蛮人中间是被人们遵守的。然而，在政府形成并有了法律之后，情况便不同了。命案照例应当由警察部门去处理，不能再像原始社会那样按照部落的习惯来处置，否则社会反而会变得无秩序。在场的第三个人的劝阻与否，不能视为是否把他定为凶手之一的依据。但这并不意味着第三个人可以袖手旁观或见死不救，从维护社会秩序的角度来看，第三个人应当前去劝阻，因为这也是一种社会责任。

关于蒙昧人的例子，可以这么说，在蒙昧阶段，众人分享食物是正常的，当时的习惯或道德规范正是如此。假定在现代社会仍要照搬霍屯督人的做法，不仅是行不通的，而且也有可能给社会的分配秩序和消费生活增添麻烦。难道现在能做到在吃东西之前大叫三声要周围的人来分享吗？一个人应当关心饥饿的人的生活，但现代有现代的做法，怎能沿袭原始社会的习惯？

由此可见，互助共济的精神要保持，要发扬，而互助共济的形式则是随着历史条件的变化而改变的。

第四节　效率的道德基础

一、效率双重基础的探讨

效率具有物质技术基础，这是人们所公认的。一定的生产设备和原材料，一定的技术条件和具有一定技术水平的工作者，以及一定的社会基础设施（如交通运输设施、通信设施、供水供热设施、能源供应设施等），构成一定的效率的物质技术基础。效率的物质技术基础的重要性也得到了公认。没有效率的物质技术基础的改进，效率的提高会遇到障碍。

但是，效率是不是仅有一个基础，即物质技术基础呢？是不是只要具有效率的物质技术基础，效率就必定增长呢？从以上三节的论述中已经可以清楚地了解到，单有效率的物质技术基础是不足以充分说明效率增减的原因的。我们必须讨论效率的另一个基础，即道德基础。生产设备和原材料由人来使用，技术条件的发挥同人的素质有关，也同人的积极性、创造性有关。即以作为效率的物质技术基础的组成部分之一的具有一定技术水平的工作者来说，这些工作者是活生生的人，而不是机器人。他们有思想，有主张，有感情，也有目标。对待生活，他们可能持这种或那种态度；对待工作，他们可能热情，也可能冷漠。加之，他们一个个都不是孤立的人，他们同其他人交往，构成各种各样的人际关系，而这些关系的协调程度是不一样的。这一切成为效率的另一个基础，可以称之为效率的道德基础。

效率的物质技术基础和道德基础是并存的。单纯用物质技术基础或道德基础都解释不了效率的增长或下降。两家企业，假定物质技术条件完全相同，生产出来的产品也相同，并且都被消费者所需要，但为什么其中一家企业的效率高而另一家企业的效率低？效率的道德基础的比较分析将会提供答案。

因此，正确的说法应当是：效率具有双重基础，即物质技术基础和道德基础。

在任何时代，小到一个家庭、一家企业、一座村庄，大到整个社会、整个国家，都需要有一种精神上的凝聚力，一种以道德规范为准则的行为引导，一种伦理观念。这些同科学是可以并行不悖的，而且也互不干扰。在处理人际关系时，凡是科学无能为力之处，就需要有习惯与道德力量来调整。人际关系融洽了，个人的积极性、创造性发挥了，效率自然会增长。这表明效率确实有自己的道德基础。

效率有双重基础，已如上述。接着要讨论的是：效率的物质技术基础是变化的，因为经济发展了，技术进步了，工艺改进了，使用生产资料的工作者的知识也更新了，效率的物质技术基础肯定发生变化，而且这种变化是不间断的；那么，效率的道德基础是不是也这样呢？难道会有一成不变的道德原则作为效率的道德基础吗？再如，既然效率具有物质技术基础和道德基础这样两个基础，物质技术基础是不断变化的，难道效率的道德基础就不会随之变化吗？如果说效率的道德基础是变化的，那么这种变化是主动的变化还是适应性的变化？所谓主动的变化，是指构成效率的道德基础的那些道德规范、行为守则、评价标准等自身发生了变化，从而导致了效率的道德基础的变化。所谓适应性的变化，是指适应于效率的物质技术基础的变化而引起的效率的道德基础的变化。当然，主动变化与适应性变化有时是很难分开的。效率的道德基础的变化可能既有主动变化，又有适应性变化，两者往往交织在一起。

为了较详细地阐明这一点，让我们转入下一个问题的讨论，即效率的两种基础之间的关系。

二、效率的道德基础同物质技术基础的关系

道德规范、行为守则、评价标准的变化虽然同经济、技术条

件的变化和生产力的发展有联系，并受到后者的影响，但不能把效率的道德基础变化简单地看成是适应于效率的物质技术基础变化的变化。

以欧洲人对借贷利息的看法的转变为例，可以说明道德观念的变化不一定同物质技术基础有密切的、直接的联系。在西欧中世纪，天主教会禁止放债收息，认为收取借贷利息是不道德的。"教会从亚里士多德得来的理论：'金钱是不结果实的'以及'福音'的成语：'放款，不希望再获得什么'，必须严格遵守而予以普遍实行；它把收取利息作为违反基督教义的和不道德的行为，而予以禁止。"[①] 从教义的角度来看，借债而收取利息既然是不道德的行为，禁止收息也就成为天经地义之事了。这就是当时的道德规范，从教会到民间都奉行这一准则。12—13 世纪，罗马教皇们曾一再发布谕旨，规定俗世间欠债权人的钱不必支付利息，已经收取了利息的要退还，尚未收取的不准再索取。教皇的谕旨当然得到民间的拥护，大家都认为这就是道德标准的体现。

然而，实际生活中的情形并不像教会颁布禁令时所设想的那么简单。人们厌恶借贷收息的行为，认为这违背道德，但实际生活中又往往离不开借贷。如果禁止借贷收息，结果是：或者确实需要钱的人借贷无门，或者借贷活动转入隐蔽状态，利率反而更高，或者变相的收息方式应运而生，同样会使借债人受盘剥。于是民间有关"借贷收息不道德"的信念逐渐动摇，对教会的禁令的怀疑不断滋长，所谓"货币本身不应增殖"的理论也站不住脚了。"理论与实际的距离很大，寺院本身也经常违反教会的禁令。但是，尽管如

---

① 汤普逊：《中世纪经济社会史》，下册，耿淡如译，商务印书馆 1984 年版，第 323 页。

此，宗教精神给世界留下了极其深刻的印象，以致人们经历了几个世纪才逐渐习惯于日后经济复兴所需要的新惯例，才习惯于把商业利润、资本运用、放款取息看成是合法的，而在精神上没有太大的保留。"[①]

而借贷收息问题也并未因为人们信念的转变和对道德准则的重新考察而就此结束。到了宗教革命时期，这一问题又随着教派之间的观点分歧而激化了。路德派与加尔文派同属宗教改革派，对待借贷利息的态度却截然不同，各自有各自的信条，并以此影响各自的信徒，成为后者的道德准则。"尽管新教的教义一般是更符合当时的经济趋势的，在宗教改革运动的领袖们之间也存在着同样的分歧意见。路德所持的见解和经典学者们没什么两样……他对于高利贷的斥责正与任何经院哲学家们一样激烈。另一方面，在1574年写的一封著名的信件里，加尔文否认借钱使用收取报酬是一种罪恶。他拒绝亚里士多德认为货币是不增殖的论点；他指出货币是可以用来取得那些会产生收入的东西。不过，他也把情况加以区别，例如在借款给为灾害所迫的穷人时收取利息，便是罪恶的高利贷"[②]。

由此看来，人们对借贷收息行为的评价主要同某种信念或伦理观念有关，不一定同经济、技术条件变化有直接的关系，否则就很难解释路德派与加尔文派对利息的两种评价，也很难解释路德派的信徒们与加尔文派的信徒们为什么在利息问题上会形成两种道德准则。

效率的道德基础是独立存在的，它并不依附于效率的物质技术基础，这就是效率的道德基础变化的主动性。

[①] 皮朗：《中世纪欧洲经济社会史》，乐文译，上海人民出版社1964年版，第13页。

[②] 罗尔：《经济思想史》，陆元诚译，商务印书馆1981年版，第50—51页。

但效率的物质技术基础的变化也会导致效率的道德基础的变化。可以举人们对消费行为的评价的变化为例。一种新的消费品刚出现时，由于数量少，价格昂贵，所以只被少数上层家庭所享用，明显地被看成是与平民无缘的奢侈品，而享用奢侈品，在平民看来，不是一种善行而是一种堕落。例如，茶叶最初由东印度公司输入英国时，是一种昂贵的奢侈品，直到 18 世纪中叶，由于输入数量增多了，才成为大众的饮料。咖啡输入英国后，只被有钱的家庭饮用，在伦敦只有绅士咖啡馆，而到了 19 世纪 30 年代，开始出现平民咖啡馆，到更晚以后才成为工人的饮料。烟草的情况也相似。抽烟在欧洲一直被当做上流社会的奢侈性的嗜好，后来才普及于下层社会。类似的例子还可以举出许多。正如凡勃仑在《有闲阶级论》一书中所说，"生活水准下的某一因素，在开始时根本是属于浪费性的，而结果在消费者的理解下却变成了生活必需品。举例说，如地毯、服务员的侍应、礼帽等等。这类事物的使用习惯一旦形成，就具有必要性"。[①] 这说明了对消费行为的是非的评价是随经济、技术条件的变化而变化的。经济、技术条件变化所引起的人们伦理观念的变化，是正常的。

因此，效率的道德基础既是独立存在的，也是受效率的物质技术基础变化的影响的。效率的道德基础随着效率的物质技术基础变化而发生相应的变化，这就是效率的道德基础变化的适应性。

三、效率增长的潜力与超常规效率

既然效率具有双重基础，即物质技术基础和道德基础，那么接

---

① 凡勃仑：《有闲阶级论》，蔡受百译，商务印书馆 1981 年版，第 74 页。

下来便会出现一个问题：效率增长的潜力来自何处？超常规的效率来自何处？是效率的物质技术基础为此作出较大贡献还是效率的道德基础为此作出较大贡献？

历史上移民社会的超常规效率，一直是学术界感兴趣的课题。在中国，中原战乱期间客家人分批南下，在广东、福建一带披荆斩棘，排水造田，改变了当地蛮荒的面貌；后来，山东人、河北人闯关东，把东北大片大片肥沃的土地变成良田，使东北成为大粮仓。在欧洲，从 12 世纪起，移民们就开始在尼德兰北部地区从事垦荒事业，他们兴修水利，发展农牧业，并建立了村水利会这样的群众自治性组织，把本来荒无人烟的地带变成富庶的区域。在北美，来自欧洲的一批又一批移民，建立了自己的社会区，并逐渐西进，开发了大片土地。这些都是高效率的例证。严格地说，这些移民们所表现的高效率，是超常规的，也就是在移民社会以外的地方不易看到的。工具，是简陋的；人力，是单薄的；环境，是艰苦的。为什么会涌现超常规的效率呢？在移民迁移过程中，甚至在移民社会形成后的较长时期内，既没有市场调节，也没有政府调节，那么是什么力量使他们产生如此大的热情，提供如此高的效率呢？这就不能不归因于道德力量的作用、凝聚力的作用、人的创造性的作用。也许可以下这样一个结论：从历史上看，这些移民都是在超常规的客观条件下以超常规的主观力量来完成拓荒任务的，甚至移民们的社会组织也是超常规的。这些可以被看成是人类历史上的一种奇迹。如果没有相应的道德基础，就不可能有超常规的移民社会组织，也不可能有超常规的个人主观力量，从而也就不可能有超常规的效率。

超常规的效率涌现向人们充分显示：效率增长是有潜力的。效率增长潜力的发挥，主要依靠效率的道德基础的存在，依靠道德力量的作用。除了前面提到的以移民社会为例而外，还可以列举一些例证，例如，反侵略战争时期人们种种奋不顾身的行为，在抗御重大自然灾害袭击时人们作出的种种努力，甚至在为了团体（小至一个家庭、一个家族，大至一个宗教组织、一个民族或国家）的目标的实现或团体尊严、荣誉的维护方面，都可以看到道德力量、信念、信仰在激发人们的意志和能力中的作用，超常规的效率正是这样产生的。那么，效率的物质技术基础是不是也能为效率的超常规作出贡献呢？当然，效率的任何增长总是离不开物质技术条件的。例如，移民拓荒过程中，无论人的积极性多么大，总需要有一定的生产资料；抗御重大自然灾害时，也需要有一定的物质技术条件。但要知道，假定没有道德力量、信念、信仰等在这些场合发生巨大的作用，依靠物质技术条件，人们仍然只能产生常规的效率，而不可能产生超常规的效率。

在学术界曾经长期引起争论的所谓效率标准与道德标准之间的冲突问题，通过对超常规效率的分析，这个问题实际上已经得到了解决。所谓效率标准与道德标准之间的冲突，通常是指：对一种经济行为究竟如何判断，有两个标准，一是效率标准，即以效率是增长还是下降作为标准，效率增长是善，效率下降是恶；二是道德标准，即以伦理上的是非作为标准，符合伦理原则的是善，违背伦理原则的是恶。据说这两种标准在许多场合是不一致的，因为效率的增长很可能不符合伦理原则，而符合伦理原则的却可能引起效率的下降。这是一个由来已久的老问题，它之所以难以解决，主要在于伦理上的是非究竟是从什么角度来判断的。

效率标准是经济学的标准，效率判断也是经济学中的判断，而道德标准和道德判断都不是经济学的研究对象或研究任务。但是，当问题涉及道德标准同效率标准之间的关系，以及涉及道德判断同效率判断是否一致时，这些问题便进入了经济学的讨论范围。我在所著的《社会主义政治经济学》中，曾对这些问题作过如下的论述："经济行为的道德判断必须和实践检验统一起来，否则经济中的伦理原则也就会变得难以捉摸……我们可以用'劳动者的最大利益'作为经济行为的伦理标准。也就是说，凡是符合'劳动者的最大利益'的，就是'是'或'善'，不符合'劳动者的最大利益'的，就是'非'或'恶'。"① 这是可以用来协调效率标准和道德标准的方法之一。如果采取这种方法，也许可以作为某些经济行为评价的依据。

但不管怎么说，在另一些经济行为的评价中，效率标准和道德标准的冲突仍有可能出现。这也是至今使经济学研究者感到困惑的事情。然而，单就超常规效率的产生来看，我们不难发现，效率标准和道德标准实际上已经一致了。超常规效率的产生，本身就已经表明效率的大大提高，所以效率标准在这里是完全适用的。而超常规效率是怎样产生的呢？正如前面已分析的，这与道德因素的作用直接有关。没有道德因素的作用，在移民社会中，在反侵略战争期间，在重大自然灾害来临时，是不会产生超常规的效率的。因此，用道德标准来衡量，可以说明超常规效率的产生在符合效率标准的同时也符合道德标准。

四、关于经济行为道德标准的进一步思考

关于经济行为道德标准问题，在社会上有各种各样的观点。比

---

① 厉以宁：《社会主义政治经济学》，商务印书馆 1986 年版，第 438—439 页。

如说，一个人有重大的发明创造，或为社会作出了巨大的贡献，从而取得一大笔奖金，这究竟是不是合理？这个人该不该领取这笔奖金？又如，一个人经营管理一家企业，使企业扭亏为盈或盈利很多，企业给予他很高的报酬，这合理不合理？这个人该不该取得这些报酬？这些行为都是有争议的。有人认为合理，有人认为不尽合理，也有人认为不合理。应当怎样看待这样的问题呢？显然，不能抽象地议论，因为任何一种经济行为都需要结合具体的情形来进行分析，脱离了具体的情形很难下判断。

但有一点是明确的，这就是道德的评价离不开客观的效果的估算。道德上的是非判断，同一定的经济行为的客观效果有关。如果给予某个有重大发明创造的人以高额奖金，那么这必定是由于该项发明创造有良好的客观效果，使社会得到巨大的收益。如果给予某个企业的经营管理者以很高的报酬，那么这也必定是由于企业因此而得到巨大的收益。相形之下，社会因该项发明创造而得到的收益，肯定大大超过给予那个有重大发明创造的人的奖金数额，企业因经营管理得法而得到的收益，也肯定大大超过那个从事有效经营管理的人所获得的报酬的数额。从这个意义上说，取得奖金和报酬的行为以重大的发明创造与有效的经营管理为前提，所以取得奖金和报酬是合理的。

如果再作深入一步的分析，那么还可以了解到，社会所得到的巨大收益并不限于该项发明创造本身，企业所得到的巨大收益也并不限于有效的经营管理本身，而且，有效的经营管理所带来的好处不仅使有关的企业得到，甚至还使全社会享有。这是因为，奖励是有社会示范效应的。

在社会对某项重大的发明创造给予高额奖金之后，这就无异于向社会公开宣告：只要能有重大的发明创造，社会都会给予重奖，于是社会上将会有更多的人去钻研科学技术，提供更多的发明创造成果，这不是大大有利于社会吗？

在企业给经营管理卓有成效，使企业扭亏为盈或盈利很多的人发放很高的报酬之后，也就无异于向企业所有的经营管理人员公开宣告：只要能采取切实有效的经营管理措施而使企业扭亏为盈或盈利很多的，企业就会给予很高的报酬，于是企业中一切有经营管理能力的人的积极性就明显地被调动起来了，企业以外的有经营管理能力的人就被吸引过来了，这不正是企业发展壮大的有力保证吗？而对其他企业来说，它们同样会从这一经济行为及其客观效果中得到启示：给有经营管理能力的人发放很高的报酬这一行为，更大的受益者是企业。于是它们便会仿效那个先行一步的企业，也采取以高报酬激励经营管理人员的做法。假定许多企业都这样做，它们的业绩都增强了，盈利都上升了，最大的受益者不正是全社会吗？

因此可以断言，在给予重大发明创造者以重奖以及给予有业绩的企业经营管理者以很高的报酬这些经济行为中，效率标准与道德标准不仅不是冲突的，而且是有机结合的、内在统一的。效率标准要以行为的客观效果来衡量，也就是以对社会是否有利和使社会得到多大好处来衡量；道德标准也离不开对行为的客观效果的判断，离不开是否有利于社会以及在多大程度上有利于社会这一判断尺度。

我们不妨再换一个角度来考察上述经济行为。

假定社会对于有重大发明创造者的发明创造成果及其带来的巨大效益无动于衷，不置可否，不予奖励；假定社会上流行着这样一种看法，即认为有重大发明创造者为社会所作的贡献是他的义务，是他本来应当做的事情，因此，给不给奖励是无所谓的。那么由此造成的后果将十分不利于社会，因为这样一来，人们就会想到：既然社会不尊重发明创造者的成果，那又何必去孜孜不倦地钻研科学技术，致力于发明创造活动呢？人们的积极性消失了，效率减退了，这岂不是既失去了对经济行为判断的效率标准，又失去了对经济行为判断的道德标准吗？同样的道理也适用于对企业给不给有效的经营管理者以高报酬这一经济行为的判断。

再说，如果社会决定给重大发明创造者以重奖，但有重大发明创造的人却不去领奖；或者，如果企业决定给有效的经营管理者以高报酬，但有效的经营管理者却拒绝接受这一报酬，试问这些经济行为又会带来什么样的结果？在讨论这个问题之前，让我们先从张宇燕先生发表于《读书》杂志 1996 年 7 月号的一篇文章谈起，那篇文章的标题是"'见义'与'勇为'"。文内讲了两个故事：

春秋时期的鲁国有这样一条法律，如果鲁国人在其他国家中遇见有鲁国人沦为奴隶的，可以垫钱把这个奴隶赎出来，回国后再到鲁国的国库去报销。据说孔子的一位弟子有一次在国外遇见了一个已沦为奴隶的鲁国人，于是便花钱把他赎出来了，但孔子的这位弟子事后并不到国库去报账，以显示自己追求"义"的决心和真诚。孔子知道此事后，严厉地训斥了这个学生，理由是：你的这种行为将阻碍更多的已沦为奴隶的鲁国人被解救出来。这是因为，你品格高尚，自己掏钱救人，受到社会的赞扬，但今后，当别人在国外再遇见沦为奴隶的鲁国人时，他就会想：垫不垫钱去赎人？如果垫钱赎出了人，回国后去不去报账？不去报账，岂不是白白丢掉一大笔钱？如果去报账，岂不是在行为上会遭旁人讥笑，显得自己的品格不高？于是就会装作没有看见有鲁国人已沦为奴隶，这岂不是阻碍了对至今仍沦为奴隶的鲁国人的解救？这是故事之一。

另一个故事是：孔子的另一位弟子有一次见到有人掉进水里了，他奋不顾身地跳进水中，把遇难者救上岸来，被救者酬谢这位弟子一头牛，他收下了。孔子对这个学生的行为大加赞赏。为什么？这将会使得今后有更多的溺水者受到营救，因为救人于难是可以收受谢礼的，这就激励更多的人去冒险救人。[①]

张宇燕先生在该文的最后部分就此作了如下的评论："人们通常认为，'义'与'利'针锋相对、此消彼长、水火难容。然而，在孔子的故事中，它们似乎或多或少有点儿不同。在孔子那里，'大义'的实现是通过'小义'的被放弃来完成的，而放弃'小义'又无异于对人们的'小利'网开一面，给予满足。"[②] 结论只可能是："个人的'仁义'行为可能引发与社会目标相反的结果，而'义利'相容反而可能会满足社会的需要。"[③]

现在让我们再回到经济行为的道德标准问题上来。以上的分析适用于对重大发明创造者的奖励和对企业有效经营管理者的高报酬。如果有重大发明创造的人不愿领奖，或者有效的企业经营管理者拒绝企业给他的高报酬，这当然取决于他本人的意志。这与他的奉献精神有关，而奉献精神是难能可贵的。如果社会上大多数人都有这种奉献精神，问题会简单得多。但现实生活中，多数人还缺少这样的思想，他们希望通过自己的努力而得到相应的报酬。于是，某些人拒领奖金、高报酬可能引发如下的效应：其他有重大发明创造者愿不愿意去领奖呢？其他在经营管理上有很大业绩的企业工作者愿不愿意接受高报酬呢？他们会不会认为自己一旦领奖或接受高

---

① 参阅张宇燕："'见义'与'勇为'"，载《读书》，1996年第7期，第74页。

② 同上书，第75页。

③ 同上。

报酬之后就会被别人嘲笑"在品格上不如某位放弃领奖或拒绝高报酬的人"呢？这种犹豫、这种疑惑、这种顾虑在客观效果上都是不利于社会经济的发展的。结果，受损失的是社会，是企业。假定有人领奖、有人放弃领奖，有人接受企业给予的高报酬、有人拒绝高报酬，那位放弃领取奖金或高报酬的人想过没有：这会不会使其他获奖者感到为难？使其得到高报酬的人感到不安？效率标准和道德标准本来是可以相容、可以统一的，这样一来，本来简单的事情又变得复杂了。

正确的做法如何？一是，该领奖的就领，该接受高报酬的就接受，这既符合效率标准，又符合道德标准。二是，如果某人认为奖金多了，报酬高了，那么不妨先领了再说，然后在其他场合再捐给公益事业，愿意捐多少就捐多少。这也可以在符合效率标准的同时，符合道德标准。

这里应当补充说明这样一点：如果社会上有些有奉献精神的人只顾辛勤工作而不愿领取奖金、高报酬，那么一方面需要肯定他们的工作成绩，肯定他们不计报酬的思想，另一方面则需要向他们说明，给予他们的奖金、高报酬是合理的，也是社会对他们工作成绩的肯定。不仅如此，这种奖励对社会上许多人有着激励作用，因为社会希望有更多的人能出色地工作，为社会作出更多贡献。所以应当奉劝他们收下这笔奖金、高报酬。这也就兼顾了效率标准和道德标准。

在这里，还有一个问题需要认真探讨，这就是奖励的规则问题。假定一个企业对自己的工作人员（包括高层管理人员在内）在企业盈利的前提下，究竟给他们多少奖励，这必须有规则可依，而规则的出台总是要经过一定程序的。在规则已被确认的条件下，一切按规则办理。事后可以根据实际情况修改这样的规则，这同样要经过一定的程序。违背了规则制定的程序，是不对的。这不仅起不到奖励本来可以发挥的激励作用，而且还会引发各种消极后果。

在这里可以提及一种古老的分配办法。假定由大家共享一锅菜或一张大饼，都要分成若干份，那么最公平的做法是：谁掌勺分菜或谁持刀切饼，谁就领取最后一份菜或最后一块饼。在谈到企业高管的报酬或奖励时，是不是也应当考虑这种做法呢？

五、个人自主性与人际关系的协调

在谈到效率的道德基础时，还有一个问题需要作进一步的探讨，这就是：是个人越有自主性，效率的增长潜力越大呢？还是个人的自主性越少，个人越是从属于某个团体、某个组织，甚至从属于整个社会，效率的增长潜力越大？

为什么会提出这个问题？这与效率的道德基础有关。在生产资料的技术性质和生产的客观条件为既定的前提下，在个人作为生产者、工作者的文化技术水平已知时，如果个人有较大的自主性，那也就会有较大的积极性和创造精神，从而效率增长的潜力较大。这就是说，经济中自主的生产者、工作者越多，经济就越具有活力，经济增长的能力就越强，效率增长的潜力就越容易发挥出来，所以不能认为生产者、工作者的自主性越大对经济越不利。但从另一个角度来看，既然效率的源泉也在于人际关系的协调，在于人同团体或社会的适应，那么在个人从属于某个团体、某个组织，甚至从属于整个社会时，人际关系协调的可能性、人同团体或社会相适应的可能性也就越大，这岂不是表明效率增长的潜力越大吗？

其实，上述问题并不是不易弄清楚的。个人的自主性与个人对某个团体、组织，甚至社会的从属，可以相容并存，不能作出必然非此即彼、必须两者择一的结论。效率的道德基础，既包括了人的积极性和创造性的发挥，也包括了人际关系的协调与适应。只强调前一方面而忽视后一方面，或者，只强调后一方面而忽视前一方面，都是不对的。不能设想在个人从属于某个团体、组织，甚至社会，同时个人又缺乏自主性、积极性与创造性的情况下，效率会持续地而不是暂时地增长。也不能设想在个人虽有较大的自主性，而人际关系不协调、不适应的现象却不断加剧的情况下，效率会持续增长。因此，合理的情况应当是：既有个人的自主性，又有人际关系的协调与适应，两者不可偏废。个人对某个团体、组织，甚至社会的从属，与团体、组织、社会对个人的尊重，对个人发挥积极性、创造性的鼓励应当是并存的。这种并存保证了效率的不断增长。

那么，尽管个人自主性与个人对某个团体、组织，甚至社会的从属两者是并存的、相容的，两者之中是不是也有主次轻重之分呢？这可能又是一个有争议的问题。在经济思想史上，那种一味强调前者或后者的学说并不多见，常见的则是侧重于前者或侧重于后者的学说。自由主义经济思想与国家主义经济思想之争，或个人主义经济思想与集体主义经济思想之争，实际上都是围绕着上述问题而进行的。

然而，在经济思想史上的有关争论中，我们有时会看到，一方在反驳另一方时把讨论的主题扭曲了。表现之一就是：把个人主义说成是个人唯利是图或自私自利，把自由主义说成是个人为所欲为或摆脱任何约束，或把集体主义、国家主义说成是对个人自主精神、进取精神的否定或抹杀，国家或组织压倒一切，个人是无足轻重的。当然，并不是说在经济思想史上不曾存在过持有上述主张的人，但应该说这些毕竟不是主流。主流依然是侧重于个人自主性的发挥还是侧重于个人对团体、组织，甚至社会从属的有代表性的学说。

个人自主性应当放在首位。团体、组织、社会都是由个人组成的。个人应当自重、自强，个人应有发挥自己的积极性、创造性的可能性，然后才能谈得上如何发挥这种积极性、创造性。团体、组织、社会对个人的尊重和对个人自主性的尊重，是个人对团体、组织、社会从属的前提。要使效率持续地增长，要产生超常规的效率并使之持续，个人对团体、组织、社会的从属应当是发自内心的，而不是强加的、被迫的。如果团体、组织、社会不尊重个人，不尊重个人的自主性，怎会出现个人发自内心的对团体、组织与社会的从属呢？要人际关系保持协调的状态，人与人之间也应当在各自自重的基础上相互尊重。

现实中的情况正是如此。一个人生活在社会中，他必然是社会的成员。一个人在社会中总会参加一定的团体、组织。家庭是最小的团体，一个人总属于某个家庭。如果他是职工，他会在一家企业中工作，也许他还加入工会。如果他是农民，他所在的那个村，或许有村民自治组织。如果他是城市居民，他从属于他所在的那个社区、街道。如果他是私营企业主或个体工商户，那么他有自己的协会之类的组织。总之，他既是社会的成员，又是某个团体、组织中的一员，为此，他必须尽可能地处理好人际关系，以求得相互协调，彼此适应。但与此同时，作为一个人，他有自己的愿望，自己的要求，自己待人处世的原则，他必须有自主性，然后才有积极性和创造性。换言之，他是有活力的。一个人的自主性，是他处理好人际关系的前提，也是他同团体、组织、社会协调与适应的前提。假定他连一点自主性都没有，纯粹被当做一件工具似的被别人所使唤、支配，他没有活力，没有生气，处理好人际关系又有什么意义？人际关系的协调、适应等又从何谈起？这不正说明个人的自主性同人际关系的协调相比，应处于首位吗？

进一步说，社会上有无数个个人，一个团体、组织中有若干个个人，如果这些个人都有自主性，都有活力，都能发挥积极性、创造性，也都能够按自己的目标进行活动并力求同社会的目标、团体的目标相协调、相适应，那么人际关系必定处理得更好，效率的增长会更快，幅度更大，这不正是社会或团体所希望实现的吗？

以上的分析告诉我们，效率的道德基础是客观存在的。但效率的增长既有可能是现实的，也有可能是潜在的，效率增长的潜力不一定能充分发挥出来。要发挥这种潜力，一要靠对人的自主性的尊重，以便人的积极性、创造性能得到发挥，二要靠人际关系的协调，靠人同团体、组织、社会的适应。

第三章 公平与认同

第一节 对公平的深层次理解

一、收入分配的合理差距问题

公平问题在经济思想史中是一个反复被人们所研究和争论的课题。在不少人看来，收入分配有差距，财产持有状况有差距，都表明了不公平的存在。从表面上看，这种看法并不算错：既然人人生而平等，为什么分配的结果却是有人有钱，有人没钱？有人钱多，有人钱少？分配的这些差距反映了社会中的不公平。但这种看法是不确切的。如果要深入研究的话，那就要询问：有钱没钱，原因何在？钱多钱少，因何而来？钱多钱少的差距有多大？这些疑问不弄清楚，很难得出公平还是不公平的论断。

比如说，有钱，是依靠自己出力挣的；没钱，是因为懒而不愿去工作，或者是恣意享受，大把大把地挥霍掉了，能说这不公平吗？又如，两个人在同样的环境中工作，一个人勤勤恳恳，成绩卓著，挣的钱多，另一个人疲疲沓沓，成绩平平，挣的钱少，能说这不公平吗？再说，收入差距多大可称做不公平，收入差距多小可算公平，这也是大可讨论的。可见，我们一下子很难就收入分配的差距作出公平还是不公平的判断。

反过来说，假定把收入的平均、财产的平均看成是公平，似乎只要人人的收入、财产一样多就实现了公平，那将是更大的误解。这种误解对经济的发展、效率的增长都是十分有害的。

我已经在自己的好几本著作中就收入分配与公平问题发表过看法，[①]现在先把我在那些著作中陈述过的观点作一些归纳：

公平首先意味着机会的均等，即在社会经济生活中，人们站在同一条起跑线上，客观上不存在对某些人的歧视。收入、财产的平均化是平均主义的体现。把平均主义理解为公平，是对公平概念的曲解。把公平理解为机会均等，要合适得多。

那么，能不能把公平理解为收入分配的协调呢？这种理解是有道理的，但需要指出，收入分配协调不等于收入分配的均等，实际上，收入分配协调已经包含了收入分配合理差距的意思，因为合理差距的存在也是收入分配协调的一种形式。加之，把公平理解为收入分配的协调，同把公平理解为机会均等是统一的。这是因为，只有在机会均等的前提下参与经济活动，人们才能真正凭借自己的努力程度而获得应有的收入，从而尽管收入分配有差距，但这种差距大体上能保持在合理的范围内。反之，如果人们是在机会不均等条件下参与经济活动的，那么收入分配差距的过大将会难以避免，其

---

① 参阅厉以宁：《社会主义政治经济学》，第十六章第一节"收入分配的合理性问题"，商务印书馆 1986 年版；《股份制与现代市场经济》，第二章第三节"市场经济与收入分配之间关系的进一步探讨"，江苏人民出版社 1994 年版；《经济学的伦理问题》，第一章第三节"关于效率与公平问题的深层次思考"，生活·读书·新知三联书店 1995 年版。

结果必然是收入分配不协调。

由此引起一个问题：能不能实现机会的均等？假定实现不了机会均等，那么公平就始终只是一句空话，讨论公平问题还有多大的现实意义呢？如果这样看问题，可能把问题绝对化了。应当说，在现实的社会经济生活中，由于各人家庭背景不同，居住的地域不同，受教育状况不同等原因，机会不均等是客观存在的。但这并不是说在政府的调节下不可能向机会均等的方向靠拢些。政府是可以有所作为的。例如，用法律来规定不得有歧视，规定竞争的公平性、公开性，规定对不公平竞争的处罚，等等。这样，即使不能完全实现机会均等，至少可以逐渐接近机会均等，大体上机会均等的条件也是可以出现的。政府的调节如果能做到这些，收入分配的协调在政府有关调节措施起作用的情况下也就可以逐渐实现了。

由于收入分配的协调意味着收入分配差距的缩小，即收入分配的差距大体上保持在合理的范围内，所以在把公平理解为机会均等条件下收入分配的协调时，收入分配保持一定差距是必然的。于是又引出另一个值得探讨的问题：什么是收入分配的合理差距？如何衡量收入分配差距合理还是不合理？我在《经济学的伦理问题》一书中，把收入分配差距的合理性区别为经济意义上的收入分配差距的合理性与社会意义上的收入分配差距的合理性。这是从较深层次上考察公平含义的一个关键性步骤。[①]

经济意义上收入分配差距的合理与否，取决于收入是否按效益分配原则进行分配。在市场经济条件下，只要收入分配是以机会均

---

① 参阅厉以宁：《经济学的伦理问题》，生活·读书·新知三联书店 1995 年版，第 27—35 页。

等为前提的生产要素供给者参与市场经济活动的结果，并且各个生产要素供给者都按照效益分配原则取得了收入，那么不管收入分配差距的大小，就收入的第一次分配而言，都属于收入的合理分配，从而都可以被看成是收入分配协调的表现。假定政府从政策目标的角度考虑，收入的第一次分配的结果仍需要加以调节，那么政府可以通过征收个人所得税、遗产税等方法，以及通过扶贫、救济、补贴等方法，使第一次收入分配后形成的差距缩小些。政府调节的结果就是收入的第二次分配的结果。但这并不排除经济意义上第一次收入分配所形成的差距的合理性。政府进行的收入调节所着重的是社会意义上的收入分配的合理与否。

毫无疑问，社会意义上的收入分配差距合理还是不合理的界定，要比经济意义上的收入分配差距合理还是不合理的界定困难得多。这是因为：

第一，在判断经济意义上的收入分配差距合理与否时，通常可以按照各个生产要素供给者是不是在大体上机会均等条件下参与市场经济活动，以及各个生产要素供给者是不是根据效益分配原则取得各自的收入而作出判断。但在判断社会意义上的收入分配差距合理与否时，却找不到像判断经济意义上收入分配差距合理与否那样严格的标准。

第二，经济意义上收入分配的差距只要是合理的，那么不管差距有多大，在经济上所反映出来的结果将是效率的增长、生产力的发展、人均收入水平的提高。于是可以认为，经济意义上收入分配合理差距的存在将带来积极的后果。这一积极的后果在近期内就可以被观察到。然而，社会意义上收入分配的差距如果偏大，却会导致社会的不安定，而不问这种差距在经济意义上是否合理。加之，由于社会意义上收入差距偏大而引起的社会不安定，不一定是近期内就可以被观察到的，这往往需要经过一段时间，等到问题越积越多，矛盾越来越尖锐时，才会爆发出来。这就表明，要从所产生的后果方面来判断社会意义上收入分配差距的合理性，同样不是一件容易的事。尽管如此，我们在没有其他选择的情况下，仍然可以把收入分配差距的存在是否引起社会不安定看成是判断社会意义上的收入分配差距合理与否的一种依据。

把社会意义上的收入分配的合理差距同经济意义上的收入分配合理差距分开来论述，一个重要的意义在于：公平与否的判断不仅有客观上的依据，即收入分配差距的存在及其大小，而且也同每个人的自我感觉有关，即人们从收入分配的差距中感觉到自己受到了公平的对待呢，还是受到了不公平的对待？这种自我感觉会影响到个人对收入的满意程度，以及个人对收入分配差距的接受程度，进而会影响社会的安定程度。因此，我们有必要从收入分配合理性问题转入个人绝对收入与相对收入问题的研究。

二、个人的绝对收入与相对收入

在讨论个人的绝对收入与相对收入问题之前，让我们先回顾一下 1964 年格施温德（J. A. Geschwender）发表的下述观点：[①]

他认为，关于一个社会集团之所以会有不满，会奋起反抗，学术界曾经有过五种不同的假设。

第一种假设：当一个集团感觉到自己的生活状况越来越坏时，它将越来越不满意，终于起来反抗。这就是绝对贫困的假设。

---

① 格施温德："社会结构和黑人反抗"，载《社会力量》，1964 年第 12 期。

第二种假设：虽然一个集团的生活状况比过去有所改善，但它的欲望也在增长，而且欲望增长的速度比生活状况改善的速度更快，于是它也会感到不满，于是起来反抗。这就是欲望增长的假设。

第三种假设：虽然一个集团的生活状况比过去有所改善，但它同时注意到其他的集团的生活状况正以更大的速度在改善，于是感到不满，起来反抗。这就是相对贫困的假设。

第四种假设：当一个集团感觉到自己的生活状况比过去改善之后，接踵而来的却是生活水平的下降。由于生活水平的提高是不可逆的，于是人们对这种情形感到不满，便起来反抗。这就是先升后降的假设。

第五种假设：一个集团拥有许多地位属性，收入多少、生活状况好坏，只是这些地位属性中的两个，除此以外还有其他一些地位属性，例如受教育状况、职业状况、种族上的平等性等。一个集团即使自己的生活状况比过去改善了，但它如果感到自己在其他地位属性上仍不如其他集团，它同样会产生不满，进而起来反抗。这就是地位不一致性假设。

格施温德认为，以 60 年代初美国黑人为例，美国黑人为什么对社会不满而有反抗行为，不能用第一种假设来解释，因为他们的生活状况并非越来越坏；也不能用第四种假设来解释，因为他们的生活水平上升后并未发生逆转的情况。至于上述第二种假设，即欲望的增长比生活状况改善的速度更快，从而引起不满的假设，格施温德指出这既未被资料所证实，也未被资料所否定，所以无法用它来进行解释。于是剩下的只有第三种假设和第五种假设了。第三种假设，即相对贫困的假设，已被资料所证实，这表明美国黑人之所以对社会不满，是由于他们在同白人对比时，总感到自己生活状况的改善不如白人。第五种假设，即地位不一致性假设，也被资料证实了，因为当时美国黑人普遍感到自己在受教育、职业、工资待遇上不如白人。所以第五种假设可以同第三种假设一起，用来解释美国社会不安定的原因。此外，格施温德认为第三种假设和第五种假设在性质上是相同的，只是第五种假设所包含的内容更多一些。

尽管格施温德是就 60 年代初美国黑人的处境进行讨论的，但上述分析对于我们研究个人绝对收入和相对收入的变动对社会不安定的影响仍然有所启发。社会不安定问题的复杂之处在于：影响社会不安定的因素很多，收入分配差距不合理虽然会导致社会不安定，但社会不安定不一定来自收入分配差距不合理。以收入因素而言，比如说，人们生活水平先上升，后下降，即使是大上升，小下降，也会引起社会不安定，但这不涉及收入分配差距的合理与否。更为典型的是，即使收入分配差距不变，如果绝对收入水平普遍下降，同样会引起社会的不安定。但无论如何，社会不安定在相当大的程度上总是同人们的相对收入变动有联系的。人们经常在收入分配、工作岗位、福利待遇、升迁机会等方面把自己与周围的人作比较。不少人并不能从自身的收入与别人的收入的对比中，或从自身的就业和福利状况与别人的就业和福利状况的对比中，去认识公平的真实含义。他们在同别人对比时，多半感到收入不如别人多，职业没有别人好，福利也不如别人，从而认为自己在这方面或那方面受到了不公平待遇。如果有这种不公平的自我感觉的人数较少，一般还不至于引起社会的不安定，但如果有这种感觉的人多了，或他们的不满程度在增长，那么这种情况就有可能发展为社会的不安定。这说明，社会不安定可能来自一部分社会成员自认为受到不公平待遇，来自他们在同别人相比后所产生的一种失望、埋怨、不满。个人的相对收入满意度是指一个人在同别人进行收入对比之后满意或不满意的程度，以区别于个人的绝对收入满意度，即一个人对自己的收入满意或不满意的程度。尽管个人绝对收入满意度是个人相对收入满意度的基础，但两者对社会不安定的影响大小是不一样的：个人相对收入满意度的影响常常会大于个人绝对收入满意度的影响，因为个人相对收入满意度涉及同别人的比较，从而更容易使人产生不公平感，产生对社会的不满。

比如说，在计划经济体制下，生产力发展受限制，居民的收入水平都很低，商品供应非常紧张，生活必需品要凭票证供应，但由于收入分配差距小，个人的相对收入满意度还过得去，人们相互比较后得出的较一致看法是"大家差不多"，于是对社会的不满就有所缓解。"低水平下的收入平均化"正是当时实际情况的写照，但它却给人们一种"公平感"，尽管这是一种被扭曲的"公平感"。

而在从计划经济体制逐步过渡到市场经济体制之后，生产力发展了，居民的收入水平普遍提高了，商品供应充裕了，生活必需品敞开供应而不再需要发票证了，但由于各人收入增长的幅度不一样，收入分配的差距扩大了，于是个人相对收入满意度的下降使一些人产生了"不公平感"，产生了对社会的不满，这显然会使社会的安定受到影响。

那么，应当怎样对待现实生活中的收入分配差距呢？发展经济，提高社会成员的绝对收入水平，始终是基础性的工作。此外，这既要靠政府采取适当的收入调节措施，在不至于妨碍效率继续增长的条件下使得收入分配的差距有某种程度的缩小，特别要设法纠正社会经济生活中存在的歧视现象，为接近机会均等创造条件，以减少社会上一部分人的"不公平感"，同时，也要正确宣传公平的含义，避免人们把平均主义当作公平，消除人们对公平的各种误解。社会上正确理解公平含义的人越多，越有利于维持社会的安定。

当然，要让各人从自身的地位与遭遇出发来正确地理解公平的含义，很不容易。地位不同，遭遇不同，感受必然不一样。因此，可以设想，只要存在着一定的收入分配差距，尽管政府采取了收入调节措施，尽管社会上对公平的正确含义作了不少宣传，但公平问题仍会长期存在，并会困扰着人们。这是因为，相对收入满意还是不满意始终没有一个客观的评价标准。甚至可以说，经济发展水平低和人均收入水平低时，人们的相对满意度可能还好一些，因为"你穷我也穷，大家都穷嘛"！经济发展水平提高了，人均收入水平上升了，在各人收入增长幅度不一的情况下，人们的相对满意度的下降是难免的，"不公平感"的增长也是难免。结果，社会将不断地为消除这种尽管是扭曲的、但却是客观存在的"不公平感"而努力。

这对经济学研究者意味着什么？至少说明了这样一点：从收入分配差距合理性的角度来探讨公平问题，原来的路可能已经走到头了，再也深入不下去了，必须另辟新径。本书准备在研究新思路的探索中迈出一步：从认同的角度来讨论公平问题。

第二节　认同的含义

一、认同与共同命运观

人是群体中的一员，认同是就个人同群体之间的关系而言的。认同的含义是：一个人作为群体中的一员，他把这个群体看成是自己的组织，他不仅同这个群体协调、适应，而且也同这个群体中的其他成员彼此协调、适应。换言之，认同就是一个人承认自己同群体是一致的，是合为一体的。

群体一般也可称之为团体，它是若干人的组合。群体有大有小。有的群体很大，例如国家、民族或全社会。有的群体很小，例如一条街道、一个小村庄、一个小社区、一个小企业、一个小家庭。家族也是一个群体，它可大可小，大的家族人数众多，小的家族人数不多。群体无论大小，无论成员人数多少，都存在成员对本群体是否认同或究竟认同到何种程度的问题。这里所说的认同，是实质上的，而不是形式上的。

社会上有各种各样的群体。一个人生活在社会之中，可能是若干个群体的成员。以一个大学生来说，首先，他是自己家庭的一员、家族的一员；其次，他是学校的一员，学校中某个院系、某个年级、某个班组的一员；如果他加入了某个学生社团，他还是这个学生社团中的一员。他在读大学之前，毕业于某所中学，那么他也是自己曾经就读过的那所中学的校友；他的籍贯是某省某市某县或某个乡镇，从同乡这个角度来看，他也是同籍贯者组成的群体中的一员；他如果有宗教信仰，他就成为那个宗教团体的一员；他如果加入了党派，他就成为那个党派的一员。至于他作为国民，是国家这个大群体中的一员，那就不在话下了。一个人作为这么多的群体中的一员，认同必然是多重的，只不过对不同的群体，认同的程度有所差别而已。

认同程度的高低反映了一个人对某个群体的关切程度，或他对某个群体"视为一体"的程度。第二章所谈到的团体凝聚力的大小、社会凝聚力的大小，就是成员们对群体的认同程度高低的反映。认同程度因人而异，也因客观形势不同而异。以一家企业为例，企业中有若干名职工，所有的职工尽管都是企业这个群体的一员，但由于各人的认同程度不一，各人对待企业的态度和工作热情也就不一样。在企业兴旺发达时，职工们认同程度的差别可能表现得不很明显。假定企业因某种原因而陷入了困境，职工认同程度的差别就会显著地反映出来。比如说，有的职工对企业的认同程度较低，他们不关心企业的现状和前景，企业遇到困难了，他们就竭力寻找自己新的去处。也有的职工对企业的认同程度较高，他们关心企业的困难，认为企业的困难就是自己的困难，于是出主意，想办法，并在自己的工作中尽心尽力，以便减少企业的困难。可见，认同的另一个解释就是：群体的一员把群体看成是自己的组织，他同这个群体形成了"命运共同体"，一荣俱荣，一损俱损。认同程度越高，俱荣俱损的共同命运观就表现得越明显。

个人对某一群体的认同，不能简单地用"利益"二字来概括。认同，固然有利益方面的考虑，但在许多场合，还有超越利益的考虑。不妨举几个常见的例子来说明。例子之一是：一个人属于自己的家庭、家族，他对家庭、家族的认同，是不能用"利益"二字来解释的。另一个例子是：一个学术团体，如某某学会、某某研究会之类的组织，有若干成员，这些成员之所以参加某一学术团体，并对它有较高程度的认同，不一定同利益有关，他可能是出于对学术的兴趣、爱好，或出于对该学术团体的尊重和信任，也可能出于一种责任感，即认为自己有责任振兴学术。还可以举一个例子：一个人参加了某个公益团体、某个慈善组织，他热心于公益、慈善事业，而根本不考虑什么利益。因此，超越利益的考虑是不能抹杀的。有各种各样的群体，个人对某些群体的较高程度的认同，超越利益的考虑可能占据主要地位。

怎样解释一国国民对国家这个群体的认同呢？这个问题更能够

说明利益不一定是认同的依据，也不一定是出于利益的考虑，人们才认同群体。

要知道，国家和政府并不是一个概念。政府由谁掌权，掌权者是否关心国民，是否维护国家的利益、国民的利益，依掌权者的性质而定。国民可能拥护某届政府，也可能不拥护某届政府，甚至有可能反对某届政府，但这与国民是否认同国家不是一回事。历史上经常出现这样的情况。某些朝代，君主昏聩，朝政腐败，国民同政府处于对立状态。但国民是爱国的，对国家是认同的，国民反对政府，是为了拯救国家。历史上也经常发生这样的事，尽管国民不满意政府，甚至同政府相对立，但在外族入侵，国家处于危急关头时，国民仍奋不顾身地抗御入侵者。由此看来，国民对国家的认同绝不是用"利益"两个字就能作出解释的。爱国心、国家的荣誉感、社会的或国民的凝聚力远远超越对利益的考虑。

二、认同与利益集团

以上谈到了在某些场合，人们对某些群体的认同不是从利益的角度来考虑的，但这并不意味着利益关系在认同中没有作用。由于群体是多种多样的，经济领域内的群体为数甚多，例如，一些投资者共同发起组建一个企业，投资者个人同这个企业之间的关系肯定属于利益关系之列；职工在企业中工作，他们同这个企业之间也存在着利益关系；等等。

关于利益关系，还可以作进一步的分析。人们有时使用"利益集团"一词，实际上"利益集团"一词的含义不是很明确的。究竟什么是利益集团，解释不一，但大体上形成这样一种看法，即社会上有一些人，彼此有着共同的或基本上一致的社会、政治、经济利益，因此他们往往有共同的或基本上一致的主张和愿望，使自己的利益得以维持与扩大，这些人有形或无形地构成了一个利益集团。[①]

克拉潘（J. H. Clapham）在其名著《现代英国经济史》中曾以英国历史上的西印度利益集团和矿区工人利益集团为例来说明利益集团的性质。他指出，"利益集团"是历史留下的一种传统，比如说，西印度利益集团就是由居住在伦敦但又与产糖的英属西印度殖民地有关的人们所组成的一个集团，这是一种绵延不绝的、强有力的政治势力。至于矿工们，在18世纪内，他们自成一体，与城市生活隔绝，他们有些还保留了古老的氏族传统，不与外界通婚，很少上教堂，甚至到了19世纪中叶，他们不住在矿区而搬到城镇居住了，他们仍然是一个封闭性的集团，很少与其他手工业者们来往。[②]克拉潘列举的这两个利益集团类似于阶级或等级，但历史上和现实生活中有些利益集团是很难套用阶级或等级这样的概念的。麦金德在《民主的理想与现实》一书中，曾提到方言与教育在利益集团的形成中起着重要的作用。比如说，同一种方言会使得使用这种方言的人结合在一起，一个社会中如果有多种方言，那就会形成若干个不同的集团。受教育的情况也如此，在英格兰，专业人员上层与地主出自同一所学校、同一个大学，工商界头面人物也把自己的子弟送到这个学校中来。[③]可以设想，这些人毕业以后便成为同一个集

---

① 参阅厉以宁：《转型发展理论》，同心出版社1996年版，第233—234页。

② 参阅克拉潘：《现代英国经济史》，上册，姚曾廙译，商务印书馆1986年版，第255、275页。

③ 参阅麦金德：《民主的理想与现实》，武原译，商务印书馆1965年版，第168—169页。

团中的人，这就很难用阶级或等级概念来替代利益集团。利益集团可能是有形的，但多数却是无形的。

在讨论个人对群体的认同时，既可以从利益关系上进行分析，也可以从非利益或超越利益的角度进行分析，但不能仅仅从利益关系上考虑，这是可以肯定的。由于利益集团不等于阶级或等级，所以一个人可能既属于这一利益集团，又属于第二个或第三个利益集团。比如说，假定某一地区有一些私营企业主经营食品的出口生产和经营。就出口商品的生产和经营而言，这些企业主同其他所有制形式的企业主有着共同的利益，他们可以归入一个利益集团；就食品的生产和经营而言，这些企业主同其他从事食品生产和经营的企业主一样，有共同的利益，他们也可以归入一个利益集团；再就私营企业而言，这些企业主同其他地区的私营企业主之间也有共同的利益，他们又可以归入一个利益集团；而就同一个地区的企业而言，所有这些企业都有地区的利益，于是同样可以归入一个利益集团。这正同以上所说的一个成员可以属于若干个群体或团体，从而将同各个群体或团体分别发生认同关系一样。

一个人属于不同的群体，而这些群体不一定是彼此不相容的。同样的道理，一个人被列入不同的利益集团，但这些利益集团之间也不一定是不可协调的。不能简单地认为这一利益集团得到的好处必定以另一个利益集团受到损失为条件。不同的利益集团之间固然有矛盾，但也有共同的利益。如果经济是增长的，完全有理由相信这些利益集团都会在经济增长过程中受益。认同的意义也可以从这里得到进一步的说明。尽管一个人可以属于不同的群体，与各个群体之间都发生认同关系，但这也可以是不冲突的。一个人，即使是出于利益上的考虑，那么也有可能既认同这个群体，又认同其他群体。

以上是从社会的横截面所进行的分析。如果从历史的角度，从纵向进行分析，情况可能有所不同。这是因为，社会是发展的，历史是一个过程，在这个过程中，各个利益集团的相对地位会有升有降，各个利益集团的力量也有增有减。特别是在社会变动时期，总有一些利益集团渐渐退出历史舞台，同时又会出现一些新的利益集团。新老利益集团的冲突往往是客观存在的，不容否认。老利益集团会感到自己越来越不受重视，感到新利益集团在超过自己。老利益集团也会认为自己失去的越来越多，而新利益集团得到的却越来越多。这种情况不值得奇怪，因为社会变动的结果正是这样。但是，是不是社会变动在利益集团相互关系中所造成的结果只可能这样呢？不一定。一个利益集团兴起而另一个集团衰亡，只是社会变动的一种结果。可能还有另一种结果，即在社会变动的过程中，老利益集团在经过分化之后逐渐融入了新利益集团，并与后者一起形成了另一个利益集团。新老利益集团融合而成的另一个利益集团往往既反映了老利益集团的一部分利益，也反映了新利益集团的一部分利益，只是这一部分所占的比重和另一部分所占的比重不一样而已。

由此涉及人们的认同的变化。人作为某一群体或某一利益集团的一员，不是永恒不变的。一个人自身的收入、地位、观念和目标等的变化会引起他对某个群体、某个利益集团的认同程度的变化，也会使他同原来所属的某一个群体渐渐疏远，认同程度渐渐降低，而使他参加或归属于另一个群体，对后者的认同程度渐渐提高。特别是在社会变动时期，随着新老利益集团相对地位的变化，随着新老利益集团可能的融合，人们对某一利益集团认同程度的下降或对另一利益集团认同程度的上升，也是可以理解的。

三、认同与超越利益的考虑

正如以上已经指出的，个人对自己所属的某一群体的认同，不能简单地用利益关系来概括。认同固然在某些场合有利益方面的考虑，但在另一些场合则出于超越利益的考虑，甚至在某些情况下，超越利益的考虑要比利益的考虑重要得多。因此，我们有必要在这里就认同与超越利益的考虑之间的关系作较深入的探讨。

什么是超越利益的考虑？应当从一个人与某个群体之间的关系谈起。一个人之所以会成为某个群体的成员，大体上可以分为四种不同的情况：

（1）不可选择的；

（2）可选择的；

（3）由不可选择的变为可选择的；

（4）由可选择的变为不可选择的。

这四种情况都存在于现实生活之中。

不可选择的是指：一个人之所以属于某个群体，是不以个人意志为转移的，他对此没有选择的余地。例如，一个人出生在某个家庭、某个家族，他本人无法选择。一个人出生于何地，祖籍是何地，年幼时生活、学习于何地，从而同什么样的地区有关，同什么样的群体有联系，这也是不可选择的。

可选择的是指：一个人在达到一定年龄之后，在学习、工作、生活方面自己可以作出选择，对于参加什么样的群体也有自己的主意。例如，一个人在可以选择升学志愿的前提下，他选择什么学校、什么专业，取得何种学历、学位，将来从事何种职业，从而会同什么样的群体发生关系，这些都是可以选择的。在婚姻可以自主的条件下，一个人选择什么人作为配偶，从而成为配偶的家族中的一员，这同样属于可以选择之列。更为普遍的是：一个人参加什么党派、什么社会团体，信仰什么宗教，经常同什么样的人交往从而成为某个群体中的一员，这些都取决于本人的选择。

由不可选择的变为可选择的，则是一种比较特殊的情况。一个常见的例子是国籍的更换。一个人的国籍，出生时不以他本人的意志为转移，但成年之后却有可选择的机会：由甲国的国民变为乙国的国民，相应地，他所要认同的群体也就增加了一个，即除甲国之外，还有乙国。又如，在职业世袭的社会中，子承父业被认为是惯例，不依他本人的意志为转移，但以后，他可能出于某种考虑，变更了自己的职业，这样，他所要认同的群体也就改变了。

由可选择的变为不可选择的，也许是更加特殊的情况。比如说，某些秘密的教派组织或其他带有神秘色彩的团体，是不允许自己的成员脱离的。一个人在未加入这种组织或团体时，是自由的，但一旦他作出了选择，成为这种组织或团体的成员后，就必须终身认同，不得离去。

就一个人不可选择地成为某一个群体的一员来说，这就谈不到什么利益或超越利益的考虑，因为他是不由自主地从属于这个群体的。利益的考虑或超越利益的考虑主要出于可以选择的个人与群体的关系中，即一个人在经过考虑之后，为什么会选择这一群体而不是另一群体，为什么会放弃这一群体而加入另一群体，总是有自己的想法的。在某些场合，利益的考虑是主要的，在另一些场合，超越利益的考虑是主要的，或者利益的考虑与超越利益的考虑起着同样重要的作用。这并不奇怪。既然人不是单纯的"经济的人"，而是"社会的人"，所以人的考虑是多方面的，人对某一群体的认同和认同程度的高低也就会从多方面考虑。

在人对某个群体的认同可以作出选择时，超越利益的考虑大体上可以分为以下五种：

一是出于某种感情。比如说，在一个人可以自主地选择配偶的场合，他之所以会成为配偶的家族中的一员并同配偶的家族有认同关系，感情因素往往是主要的。

二是出于一种信仰或信念。比如说，一个人在可以作出自由选择时，为什么他会参加某个党派或某个政治团体，为什么他会信奉某个宗教，这种认同在很大程度上同信仰或信念有关。

三是出于一种理性的选择。这里所说的理性的选择，是指一个人经过考虑，认定自己所选择的某个群体与其他群体相比，更适合于实现自己的理想，或更符合于自己的道德判断标准。比如说，一个人认为自己有责任帮助家乡发展经济、教育或文化，或者一个人认为发展慈善事业是有利于全社会的，当他发现某个群体更加适合从事此项工作时，他便作出选择，参加这个群体，对它有高度的认同。

四是出于个人的兴趣和爱好。出于这种考虑，他可能选择某个协会或俱乐部，成为其中的成员。

五是出于一种荣誉感。这是指，某个群体在社会上的声望高，受人们敬重，一个人认为自己如果能成为这样群体中的一员，是一种荣誉，于是他便作出这种选择。

以上所说的五种在个人可以选择时的超越利益的考虑（感情因素、信仰或信念、理性的选择、个人兴趣和爱好、荣誉感）并不是相互排斥的，它们之间可以有交叉、重叠。比如说，一个社团的成员对本组织的认同，从超越利益的角度考虑，既可能出于一种信念，也可能同时出于理性的选择，还可能出于一种荣誉感，也许三者兼有。总之，认同在个人可以选择时，超越利益的考虑是不可忽视的。

在对认同的含义有了上述了解之后，我们就可以进而讨论公平感的问题，并可以对公平概念有一种新的认识。

第三节　公平与认同的关系

一、关于个人在群体中的公平感

公平的标准何在？前面已经指出，如果仅仅在收入分配及其差距方面寻找答案，这个问题是不容易解决的。无论从收入的绝对水平还是从收入的相对水平来看，对公平的衡量都不可能有客观的、统一的尺度。甚至从机会均等的角度来考虑，由于在现实生活中并非人人都处在一条起跑线上，所以也很难把某一条起跑线称做公平的起跑线。这样，我们不得不另找解决或近似地解决公平问题的途径。从认同的角度分析，也许可以走出一条新路来。

简要地说，公平以对群体的认同为基础。在一个群体内部，成员对这个群体的认同程度越高，他们的公平感就越强；反之，成员对这个群体的认同程度越低，他们的公平感也就越少。假定成员完全不认同这个群体而他们却依然留在这个群体之中，他们可能就没有公平感。

那么，为什么一个人对某一群体的认同程度同公平感有关呢？

这是因为，一个人在某一群体之中，就会同群体的其他成员发生联系，并从这些人际关系中感受到自己所处的位置和其他人对自己的态度。如果他同群体中的其他成员相处得比较协调，人际关系处理得较好，他对这个群体的认同程度就比较高，于是他在群体中的公平感也比较强；反之，如果他同群体中的其他成员的关系不协调，总感到自己在这个群体中受冷落，受排挤，受歧视，他肯定对这个群体的认同程度较低，他在群体中的不公平感即由此而来。由此看来，从个人同一个群体之间的关系的角度来看，公平感还是不公平感都是他对这个群体的认同程度的反映。

群体有大有小，群体中的人数有多有少。我们不妨按小群体到大群体的顺序作一些分析。

家庭可能是最小的群体。一个人成为家庭的成员，通常不以自己的意志为转移。尽管一个人同父母、兄弟姐妹的血缘关系是不可选择的，但他对家庭的认同程度仍然因家庭而异，因人而异。如果他同家庭的其他成员（如兄弟姐妹）相比，即使感到自己所受到父母的宠爱程度不如兄弟姐妹，在家庭中所得到的照顾也不如兄弟姐妹，但只要他对家庭的认同程度高，他不会对上述的差别待遇斤斤计较，也不会由此产生不公平感觉。他在家庭这个群体中的公平感来自对家庭的认同。当然，也会有如下的情况：在他发现自己在家庭中受到的对待不如兄弟姐妹之后，他同家庭的关系疏远了，认同程度下降了。但这毕竟不是普遍的。也就是说，尽管他多多少少有一种不公平感，但他仍是热爱这个家庭的，他的认同程度并未因此而降低，大多数情况正是如此。

再以企业的情况为例。企业是一个群体，不管企业规模大小和职工人数多少，职工对这个群体的认同程度同职工在企业产生公平感与否有着直接的关系。在企业内部，职工的工资总是有差别的，各种工作岗位的工作劳累程度、待遇高低、升迁机会大小也是不一样的。只要有上述这些差别，即使这些差别在经济上是合理的，但职工们不一定把这种经济上的合理性看成是公平性。如果没有这些差别呢？那么同样会有人认为这种无差别的工资和待遇是不公平性的反映。因此，这是一个从这边看有人认为不公平，从那边看又有人认为不公平的难题。只有从个人对群体的认同程度的角度来考虑，个人的公平感或不公平感才能得到较好的解释。

可以这样说，假定某个职工对本企业这个群体的认同程度高，而且企业内部所存在的工资和待遇等方面的差别在经济上是合理的，那么这种差别就能够被职工所接受，他不会由此产生不公平感。即使企业内部所存在的工资和待遇等方面的差别在经济上还不尽合理，职工在对企业认同的基础上也会通过正当渠道向企业反映自己的想法，但不至于由此因不公平感而同企业处于不协调的状态。反之，假定某个职工对本企业这个群体的认同程度很差或者缺乏认同。那么，尽管企业内部所存在的工资和待遇等方面的差别在经济上是合理的，职工仍会产生不公平感；如果企业内部所存在的工资和待遇等方面的差别在经济上不尽合理，那么职工不仅会产生强烈的不公平感，而且有可能同企业相对立。

接着，让我们对社会作为一个群体进行分析。社会是一个大群体，一个人在社会这个大群体中，只是无数个成员中的一员。但无论群体的大小，成员对社会的认同态度也影响着他在许多问题上对自己是否被公平对待的感受。收入、就业、受教育状况、受尊重的程度等，都会使一个人在同社会的其他成员比较后产生公平感或不公平感。假定他对社会的认同程度较高，他会接受社会上存在的合理差别，不会产生不公平感；即使他认为社会上的某些差别还不合理，他会陈述自己的看法，但不会因此而同社会处于不协调状态。他的不公平感，是随着对社会的认同程度的下降而递增或随着对社会的认同程度的上升而递减。还可以得出这样的结论：对社会的认同程度越高，社会成员的公平感就越浓，不公平感则越淡。

二、公平与认同之间关系的进一步说明

以上是把公平与对群体的认同联系在一起所作的考察。在这一考察的基础上，可以就公平与认同之间的关系再作一些说明。

第一，尽管通过上述分析，我们已经了解到个人对群体的认同程度同公平感或不公平感的产生有着直接的联系，但这并不否定有关收入分配差距的合理同公平之间的关系的论点，也不否定机会均等意味着公平的论点。收入分配差距的合理和机会的均等，对我们理解公平的含义是有用的，只是由于它们在公平标准的判断上存在着这样或那样的局限性，使得公平问题的研究难以深入下去，所以我们认为有必要再从认同的角度展开讨论，以弥补以往对公平问题研究的不足。加之，正如前面已经指出的，在一个群体内部，即使收入方面的差距合理，但如果成员对群体的认同程度低，成员仍会感到不公平；反之，如果成员对群体的认同程度高，即使收入方面的差距不尽合理，群体的成员也会接受它，同时陈述自己的看法，而不会因此而同群体对立。这就足以表明用收入差距合理与否作为公平与否的依据是有局限性的。

第二，群体有大有小，而且大小相距甚多。群体越小，个人对群体的认同越容易，个人对群体的认同程度也就越有助于揭示公平

感或不公平感产生的原因。群体太大，个人对群体的认同就难些，个人对群体的认同程度在解释公平或不公平方面的重要性也就会降低，这是完全可以理解的。比如说，一个企业有职工好几万人，另一个企业的职工不到一百人，前一个企业中的职工对企业的认同必定难于后一个企业中的职工对企业的认同。也就是说，小企业较容易实现职工对本企业的较高程度的认同，企业过大则很难做到这一点。相应地，小企业既然较容易实现职工对企业较高程度的认同，那么小企业的职工在较高程度认同于企业的基础上，将比较容易地产生公平感，而企业过大时，职工在本企业中则不容易产生公平感，更容易产生不公平感。

第三，按照以上所说的来推论，国家是一个比大企业还要大得多的群体，既然大企业都不容易实现职工对本企业的认同，公平感的产生都这么难，那么要一国的国民对国家的认同岂不是还要困难得多？要一国的国民产生公平感岂不是也要困难得多？的确如此。但前面也曾提到，一国的国民对国家的认同与一个职工对企业的认同是不一样的：职工对企业的认同，一般说来主要出于利益的考虑，而国民对国家的认同则主要出于超越利益的考虑。正因为如此，所以尽管国家比大企业还要大得多，但要实现国民对国家的认同并不会难于大企业的职工对本企业的认同。超越利益的考虑在这里起着重要的作用。如果一个大企业也能使得本企业职工出于超越利益的考虑来认同本企业，那么它也未尝不可以实现职工对本企业的较高程度的认同。

第四，一个人可以是若干个群体的成员，比如说，他是家庭的成员，家族的成员，社区的成员，所在工作单位的成员，某个或某些学会、社团、俱乐部的成员，社会的成员，等等。他作为任何一个群体的成员，都会产生自己在这个群体中是否被公平对待的感觉，因此他的公平感或不公平感并非只有一种，而是他参加多少个群体，就有多少种公平感或不公平感。很可能有如下的情况：在这个群体中，他感到很公平；在另一个群体中，他感到比较公平；在第三个群体中，他感到比较不公平；而在第四个群体中，他却感到很不公平。出现上述情况，应该说是正常的。一方面，如上所述，这在一定程度上同群体的大小有关，即群体越小，群体的各个成员之间容易彼此协调，个人对群体的认同程度比较高，而群体越大，则越不容易做到这些。另一方面，则同群体的性质有关，同个人是出于利益的考虑还是超越利益的考虑而成为某个群体的一员有关：利益方面的考虑越占重要位置，个人对群体的认同就越不容易，个人对公平还是不公平的感受也就越敏感；反之，超越利益的考虑越占重要位置，个人对群体的认同就越容易，个人的公平感或不公平感也就不那么敏感了。

第五，正由于公平同社会安定有关，不公平感的加剧会导致社会的不安定，而且公平或不公平作为人们的一种感觉并非仅仅来自收入方面（包括个人绝对收入水平与收入分配差距的大小），也并非仅仅来自机会均等与否，所以弄清楚公平与认同之间的关系，对于维持社会的安定和减少社会上的不安定因素是有好处的。在社会中，越能够使社会成员同社会这个大群体相协调，使社会成员对社会的认同程度提高，就越有助于减轻他们的不公平感，从而也就越有利于社会的安定。这个结论虽然看起来不会引起多大争议，但要真正做到个人同社会这样的大群体的协调，使社会成员们产生对社会的较高的认同，这不是一件容易的事情。这也正是社会协调工作中特别需要注意解决的问题。

第六，在一个成员出于超越利益的考虑而参加的群体中，群体很可能有崇高的理想和目标，成员正是注意到这些崇高的理想和目标而对群体产生高度认同的。但问题往往出在群体的领导者或实际负责人并未为实现这些理想和目标而努力，他们或者口是心非、言行不一，或者缺乏领导群体去实现这些理想和目标的能力，这样就使得成员失望，从而大大降低了对这个群体的认同程度。因此，即使当初成员是出于超越利益的考虑而参加群体的，但随着群体领导者或实际负责人的真相被成员们所识破，随着成员们对群体的认同程度的下降，成员的不公平感也必定增大，因为他们首先会感到自己被群体的领导者或实际负责人所欺骗了，愚弄了，同时他们也会感到自己同那些追随口是心非与一味谋取私利的群体领导者或实际负责人的成员相比，在群体内部是处于被排斥、被歧视的位置上，于是就会产生不公平感，一种特殊的不公平感。

三、对起点公平性的认同与对结果公平性的认同

起点的公平性与结果的公平性不是一个概念，然而，对起点公平性的认同与对结果公平性的认同却是可以统一的。

对起点的公平性的一般解释是：大家都站在一条起跑线上。机会均等意味着公平，是对起点的公平而言。实际上，由于每个人家庭背景不同、所在的地区不同、受教育状况不同等原因，所有的人很难站在同一条起跑线上，所以机会均等不一定能成为现实。[①] 尽

---

① 参阅厉以宁：《经济学的伦理问题》，生活·读书·新知三联书店1995年版，第10—12页。

管如此，机会均等总是优于对一些人的人为的歧视，法律面前人人平等总是向起点的公平性方面迈进了一大步。通过努力，能够做到职位向一切有资格的人开放，交易让一切有条件的人参加，消除歧视，消除职业和竞争的排他性，这就已经可以称做现实生活中能够做到的机会均等了，对起点的公平性也只能按这种方式来理解。

对结果的公平性的一般解释是：作为公平竞争的结果，所有的职位让最有资格或最优秀的人取得，交易中的收入按所提供的生产要素的数量和质量而取得。如果这样来理解结果的公平性，那么差别虽然存在，但却是合理的。这种理解是同把平均主义看成是结果公平性反映的观点对立的，后者显然是对结果公平性的严重歪曲。实际上，即使按上述这种方式来理解结果的公平性，仍然有较大的局限性。

例如，所有的职位在通过竞争之后让最有资格或最优秀的人取得，这并不错，但不妨再追问一句：最有资格或最优秀的人的确定究竟依据什么？这种判断是不是全面的、准确的？裁判者是不是公正无私？是不是掌握了完整的信息？或者说，裁判者本人是不是通过竞争而被证明是最有资格成为裁判者的人？

又如，按劳分配曾经被认为是结果公平性的一种体现，因为这符合交易中的收入按所提供的生产要素的数量和质量而取得的原则。至少，在判断个人绝对收入是否公平这个问题上，按劳分配被认为是适用的标准。其实，这个标准仍然存在缺陷。按劳分配，按的是什么"劳"？是过去的"劳"所形成的取得收入的资格，还是实际工作中付出的"劳"？是不是存在可以把各种"劳"统一折算为某种通用的"劳"的办法并被普遍接受？再说，按劳分配由谁来进行分配？怎样才叫做按劳分配？这些问题至今并未在理论上得到很好的解决。何况，按劳分配作为一种判断结果公平性的标准，在操作时是会遇到困难的。对政府工作人员来说，什么样的工资水平是合理的，是符合按劳分配原则的，谁能说得清楚？即以一个企业来说，能说得清职工的收入在何种程度上符合按劳分配吗？既然按劳分配能否成为结果公平性的体现都这样难以确定，那么按其他生产要素的分配就更加难以被视为结果公平性的体现了。但无论如何，在缺少比"按所提供的生产要素数量和质量"更好的判断方式时，采取这种判断方式仍是可行的，因为这至少把结果的公平性同生产要素的提供联系在一起，同经济效益联系在一起。

要人们认同公平，包括认同起点的公平和结果的公平，都需要先让人们对公平的含义有正确的认识，这是很不容易的。由于每人都从亲身的遭遇和现实中所处的地位来理解公平，而彼此遭遇不同，地位不同，感受必定不一样。

从对起点公平性的认同来说，当一个人感到不仅机会均等，而且在起点上地位、收入或财产状况也大致相同时，他也许会认为这才算起点的公平。假定只有机会均等而没有起点上地位、收入或财产状况的大致相同，他会感到不满意，从而他可能容忍这一点，也可能容忍不了这一点。假定只有起点上地位、收入或财产状况的大致相同而没有机会的均等，他同样会感到不满意，从而他可能容忍，也有可能认为这是无法容忍的。假定既无机会的均等，起点上的地位、收入或财产又有较大差别，那么他肯定容忍不了，因为他认为这是明显的起点不公平。由此可见，只有全部满足了下列条件，即机会是均等的，起点上地位、收入或财产状况大致相同，人们才会感受到起点的公平。

再从结果的公平性来看，对结果公平性的认同可能比对起点公平性的认同更困难。这是因为，一个人如果认为起点就是不公平的，那么无论结果如何，比如说，即使绝对收入水平和收入分配差距在合理范围之内，他也会认为结果的公平性有所缺陷；一个人如果认为起点是公平的，那么结果究竟是否公平，他将根据具体情况作出判断：如果绝对收入水平在合理范围之内，他可能接受这一结果，认为结果是公平的，但他也有可能认为相对收入水平还不合理，即收入分配差别还不合理，所以他仍然会认为结果的公平性有所缺陷。假定一个人认为起点既不公平，结果也不公平，那么他肯定会认为这是无法接受的事实，于是社会的不安定程度将因有这种感受的人数的增多而加剧。

通过以上的分析可以了解到，不仅应当注意人们在起点上是否公平或者对结果的感觉是否公平，而且还应当使得人们对起点公平性的认同与对结果公平性的认同统一起来，单有起点公平性的认同，或者单有结果公平性的认同，都是不够的。那么，怎样才能使人们对起点公平性的认同与对结果公平性的认同统一呢？问题仍然需要回到前面已经谈过的个人与群体是否协调上来。

如果个人在群体中既同群体处于协调状态，又同群体内的其他成员处于相互协调之中，对群体内的起点公平性与结果公平性的认同比较容易统一，即使在起点公平或结果公平方面还有某些不能令人满意之处，但一般说来，这些不满较易于通过正常渠道来陈述，而不至于使矛盾激化。甚至对于社会这样的大群体而言，社会成员如果对社会的认同程度较高，他们对起点公平性与结果公平性的认同也比较容易统一，这正如前面已经指出的，在公平尚缺少客观的、公认的判断标准的条件下，公平或不公平作为群体中的成员的一种感受，只有人际关系的协调才能增加公平感，减少不公平感。

第四节　认同与互谅互让

一、认同与互谅互让之间关系的历史考察

在一个群体中，要使得成员之间关系协调，以便增加每一个成员对群体的认同程度，成员之间的互谅互让是非常重要的。这也是使每一个成员减少在群体中的不公平感的一种有效的方式。

群体的各个成员之间的互谅互让，可以说是自从群体出现以来就已经存在的事实。在群体和群体的成员们处境艰难的条件下，如果没有成员间的互谅互让精神，群体就难以维持生存，更谈不到进一步发展了。即使在群体和群体成员处境比较顺利的条件下，成员之间同样需要有互谅互让的精神，只有这样，群体的凝聚力才会增强，群体的效率才会增长，群体的成员对群体的认同程度也才会提高。否则，群体成员之间的摩擦、失和很可能导致群体的分裂，甚至导致群体的瓦解和消亡。

在静态社会中，尤其是在小生产者那里，互谅互让而使得群体和群体的成员们得以生存和发展的情况是最为明显的。可惜的是，一般在讨论到小生产者意识时，往往只注意到小生产者的保守主义、平均主义、害怕变革等精神，而忽略了互谅互让精神以及与此有关的容忍和顽强拼搏精神，忽略了同互谅互让不可分的团结精神和群体的凝聚力。克鲁泡特金在《互助论》一书中有这样一段论述：

"关于中世纪行会的社会性，任何一个行会的规章都可以用来阐明它。以早期丹麦人的某一行会的规章为例。我们在其中看到

的，首先是一段陈述支配整个行会的兄弟般的情感的说明文，其次便是关于两个会友之间或一个会友和外人之间发生争执时的独立裁判的规定，最后是列举会友们的社会职责。如果一个会友的房子被烧掉了，或者他的船遭了难，以及他在朝香的途中遭遇了不幸，那么所有的会友都必须帮助他。如要一个会友患了重病，那么所有的会友都必须帮助他。如果一个会友死了，会友们必须把他送到教堂的墓地去埋葬……在他死后，如果需要的话，他们还必须抚养他的子女，他的寡妻则时常成为行会的一个姊妹。"[1]

调解作为解决人与人之间纠纷和冲突的一种方式，也是由来已久的。很可能比中世纪西欧的行会的历史还要早得多。调解按照习惯进行，道德力量在这里起着重要的作用。要使调解取得成效，不仅要依靠调解人的权威和信誉，而且要依靠当事人的互谅互让。如果当事人中有一方，拒不作任何让步，调解将遇到困难，即使这时运用调解人的权威和信誉，也难以达到和解的目的。互谅互让，并不单纯是"谁吃的亏大一些，谁吃的亏小一些"，或"谁占的便宜多一些，谁占的便宜少一些"之类的问题，而是如何在一个群体中共处的问题。当事人双方可能在一个很小的群体之中，比如说，兄弟两人发生纠葛，他们是家庭的成员。当事人双方也可能不在同一个小群体之中，例如不是一个家庭或家族的成员，不是同一村镇或社区的成员，但他们都是社会这个大群体的成员。因此，互谅互让所涉及的是，同在一个群体之中，为了群体和群体的成员的共同利益，在某些场合是需要各自后退一步以取得协调的，在群体处境艰

① 克鲁泡特金:《互助论》，李平沤译，商务印书馆1963年版，第158—159页。

难或处境顺利时都应如此。

不能把群体成员之间的互谅互让看成是一种消极的东西。对消极还是积极的评价，离不开对社会经济发展的影响的看法。成员之间互谅互让，将增强群体的凝聚力，提高他们对群体的认同程度，减少各自心中的不公平感，从而有利于群体的发展，而对于社会经济的发展也起着推动的作用。这就是对互谅互让的积极作用的认识。

群体也可能是一种临时性的组合。这同样需要有成员之间的互谅互让精神。一段有关中世纪汉撒同盟航海的记载清楚地反映了当时的情况：

当汉撒同盟的一条船在离开港口完成了它的第一个半天航程时，船长便把所有的船员和旅客召集到甲板上，向他们发表如下的一段谈话（根据当时一个人的记载）："船长说：'由于目前我们是在上帝和大海的摆布之下，人与人必须平等相待。由于我们被狂风巨浪以及海盗和其他危难所包围，我们必须保持严格的秩序，以便顺利完成我们的航行。这就是为什么我们要祈祷一帆风顺，并且按照航海法的规定，提出坐裁判席位的人。'于是船员们便推举出一位裁判长和四位裁判。旅行终了，裁判长和裁判便辞去职务，并且对船员说：'在船上发生的一切事情，我们必须彼此原谅，把它们看作已成过去了。我们裁判得当的，是为了正义。'这就是为什么我们要以诚实的、正义的名义请求你们忘掉可能产生的互相仇恨，并且以面包和盐为誓，绝不以错误的精神看待这种仇恨。任何一个人，如果认为他受了委屈，可以向陆地上的裁判长提出申诉，并且请他在日落以前秉公裁判。'在上岸的时候，便把收存的罚款和资财交给海港的裁判长去分给穷人。'"①

完全可以设想，在当时的经济技术条件下，如果没有互谅互让精神，海船的船员和乘客怎能协调一致地在一艘船上共处若干天？不管航行中会遇到多大困难，正是依靠这种互谅互让，才使这个由船员和乘客共同组成的临时群体得以战胜风浪，渡过难关。

当然，容忍和退让的做法，在社会经济发展过程中也不是没有一点消极作用的，因为它可能在某种程度上使已经不合时宜的传统社会结构和传统经济结构不适当地延续较长久的时间，从而延缓了社会经济变革的速度。但从社会经济发展的整个历史进程来看，积极作用仍是主要的。那么，在现代社会经济中，如何对容忍和退让的做法进行评价呢？让我们接着就这个问题作一些探讨。

二、现代社会经济中的认同与互谅互让

在现代社会经济中，认同与互谅互让的积极意义不仅依然存在于家庭这样很小的群体中，而且也存在于社会这样的大群体中。在企业组织中，认同与互谅互让所起的作用也是不可忽视的。我们可以从合伙企业分析起。

每一个合伙企业都是一个建立在认同与互谅互让基础上的群体，而且合伙企业中的互谅互让具有明显的特征。要知道，合伙企业是各个合伙人根据协议而建立的共同出资、共享收益、共担风险的企业，合伙人对合伙企业的债务承担无限连带责任。合伙人由于承担了连带责任，因此合伙人之间的相互信任尤其重要。合伙人之

---

① 克鲁泡特金：《互助论》，李平沤译，商务印书馆1963年版，第157页。

间的关系融洽，相互信任，相互尊重，是合伙企业经营顺利和发展的前提。如果合伙人之间不能互谅互让，不以合伙企业的大局为重，那么合伙人就不可能集合在一起。[①]

一些国家制定了有关合伙企业的法律，但在相当长的历史时期内，这些国家还没有合伙企业的法律。此外，世界上还有一些国家并没有制定合伙企业法。然而，合伙形式却是一种古老的企业组织形式。在没有关于合伙企业的法律的条件下，合伙人是怎样建立起由合伙人负无限连带责任的合伙企业的呢？靠的是惯例，靠的是以道德力量为基础的认同。合伙人正是依靠这些才能建立合伙企业并使它存在和发展。即使有了关于合伙企业的法律，但仅仅依靠法律条文是不够的。法律可以规定合伙人的权利与义务，可以规定在什么情况下合伙人之间能转让财产，什么情况下合伙人应对其他合伙人进行赔偿，以及什么情况下合伙人可以退伙等，但法律不可能把合伙经营中的一切细节都规定得十分具体。合伙企业的特征是"人合"，或者说，是"人和"。合伙人相互不信任，不尊重，就谈不到什么"人合"，合伙企业就无法建立。合伙人之间凡事都争得面红耳赤，不可开交，合伙企业的业务就无法展开，人不和，合伙企业必定存在不下去。合伙人对这一点是非常清楚的。

不仅如此，还应当指出，由于合伙人是负有无限连带责任的投资者，所以合伙人作为投资者，对于合伙企业这个由若干个投资者组成的群体应有高度的认同，而且每个合伙人在这个群体中应当有公平感，即认为自己与其他合伙人所处的地位和所受到的对待是相

---

① 在本书第七章第五节"社会信任的重建"中，对企业的互信问题将有进一步的论述。

同的，否则合伙人就不愿意承担无限连带责任。换言之，在合伙企业这个群体中，有不公平感的合伙人即使参加了合伙企业的组建，但最终还是会退伙。一个合伙人认为自己在这个群体中是受歧视的，他难道肯为其他合伙人承担无限连带责任吗？

在现代社会经济中，有限责任公司是一种普遍的企业组织形式。有限责任公司和股份有限公司都是股份制企业，两者的区别之一是股份转让方式不同：在股份有限公司中，股东要转让自己持有的股份，不需要征得其他股东的同意；而在有限责任公司中，股东要转让自己持有的股份，则必须事先取得其他股东多数人的同意，否则转让是不被允许的。这表明，在有限责任公司这种企业组织之下，即使每个投资者只负有限责任，即每个股东以自己的出资额为限对公司承担责任，公司以自己的全部资产对公司的债务承担责任，但"人合"或"人和"因素仍然十分重要。人合，则有限责任公司得以建立、生存和发展；人不合，有限责任公司很可能建立不起来，就算当初建立了，也维持不下去。因此，在有限责任公司的股东们所组成的一个投资者群体（股东会）之中，互谅互让不可缺少，认同与互谅互让是不可分的。投资者各自的权益要得到保护，这是法律的规定，任何有限责任公司都必须做到这一点，但业务经营的各种各样的具体问题又岂是法律所能全部写进去的？投资者之间难道会没有矛盾，没有不一致之处？这些都需要协商，需要互谅互让。互谅互让是在保护投资者权益这个大前提下起作用的，互谅互让的结果只会使投资者之间合作得更好，使公司的发展更加顺利。投资者对自己这个群体，即有限责任公司及其股东会的认同，将使每个投资者感到自己在群体中与其他成员处于同等的位置上，他由此将产生公平感。公平感使得股东之间的互谅互让易于成为事实，因为谁也不认为自己是被迫作出让步的。互谅互让的实际行动及其对公司发展所产生的有利结果，又增强了股东们在这个群体中的公平感，因为大家都会认为自己从公司发展中获得了利益，而且通过互谅互让，彼此进一步了解了。

以上是就投资者之间的关系（合伙企业中合伙人的关系、有限责任公司中的股东们的关系）而言的，除投资者之间需要互谅互让而外，在企业职工之间、市场上的各个交易人之间，以及社会中各个不同的利益集团之间，互谅互让也是有积极作用的。互谅互让不等于怯懦，不等于屈膝投降，也不等于在原则问题上的背离。互谅互让主要是表明，既然在现代社会经济中人与人有着各种各样的联系，只有在发展中才能使大家都得到好处，那么在一些问题上，各自从原有的位置上退后一步，事情反而容易得到解决。从人是"社会的人"的角度来考察，可以更清楚地认识到认同与互谅互让的意义。

即使在现代社会的家庭这个最小的群体内，认同以及与此不可分割的互谅互让精神也是具有积极意义的。在经济高度发展和人均收入水平较大幅度地提高之后，家庭规模通常越来越小，子女一成年就离开父母的家庭而单独成立家庭，原来的家庭逐渐变成"空巢"，只剩下老人独立生活，与子女的联系减少了。于是一些家庭会出现没有生气的状况，所谓的"人生疲倦感"便相应地产生。"人生疲倦感"在某种意义上是对家庭生活感到乏味的一种情绪。在这种背景下，提出对家庭的认同，并提出家庭成员之间、上一代人与下一代人之间的互谅互让，就显得格外重要。这不仅是恢复对家庭生活的乐趣和信心的问题，也是更好地发挥家庭这个群体的作用的问题。

　　至此，我们可以对公平感或不公平感作一个新的解释：认同与互谅互让增加群体中各个成员的公平感，减少他们的不公平感，在机会均等与收入分配协调依然缺少公认的评价标准的情况下尤其如此。

第四章　法律与自律

第一节　市场、政府与法律

一、市场调节与政府调节都必须依法

在现代社会中，存在着市场调节与政府调节，但两者都需要依据法律来进行。

市场运行中，有法可依和有法必依是十分重要的。要知道，市场上有众多交易人，每个交易人都独立地作出选择，这些选择是分散的，因此交易人之间存在竞争。交易人就是市场主体，市场主体的行为必须规范化，他们之间的竞争必须在市场秩序正常的经济环境中进行。法律不完善，会使得每一个交易人无法作出判断，无法选择，也无法了解其他交易人可能作出的选择。法律不完善时尚且如此，那么在缺少法律（即无法可依），或法律不起作用（即有法不依，不按照法律办事）时，交易人难以作出决策就更可理解了。

法律既制止市场交易过程中一切企业和个人的非法经营与不正当竞争，又保护一切企业和个人的合法经营与正当竞争，于是企业和个人的合法权益受到保护，侵害企业和个人合法权益的行为将

被追究。没有法律，市场交易一片混乱，谁都得不到好处。即使有的企业或有的个人在这场无规则的竞争中有可能占一些便宜，谁能保证他们在下一场无规则的竞争中不会输掉？在无规则的市场竞争中，赢家究竟在哪里，谁也说不清楚。所以市场调节必须依法。尽管某些法律还不完善，但只要有了法律，并依照法律，交易人就可以作出选择，交易也就能持续下去。

再以政府调节来说，政府对社会与经济的管理，政府所实行的宏观经济调节，同样需要有法律作为依据，政府行为也应当以法律作为准则。政府调节与法律的制定和实施不是对立的，或可以彼此替代的。假定政府机构作为交易活动中的一方出现，如政府采购、政府雇用工作人员、政府出售资产等，政府机构必须守法，必须遵守合同的规定，并受合同的约束。政府尊重合同，就是尊重缔约的另一方的平等地位与合法权益。政府作为缔约的一方不应处于高于另一方的位置上。如果做到了这些，政府在市场经济中的行为也就规范化了。

应当指出，无论在市场调节之下还是在政府调节之下，诚实信用原则都是需要遵循的。在市场调节之下，一切竞争主体都依法平等地享有权利，平等地承担责任。各个交易人在进行交易时，都应当诚实，讲信用，守信用，杜绝欺诈行为。违背诚实信用的原则将受到法律的制裁。而在政府调节之下，当政府以社会与经济的管理者的身份出现时，政府仍然应当遵循诚实信用原则，应当取信于公众，这才能使政府的管理有效，否则公众会以种种方式来抵制政府不讲诚实信用的行为。这时，政府不能认为自己不是市场的交易者而违背诚实信用原则。至于政府机构在以合同当事人的身份出现时，政府机构作为交易的一方、合同的一方，同样应当遵循诚实信用原则，否则就会侵害其他交易人的权益。法律对于政府作为管理者与交易人都是具有约束力的。这是政府调节有效的重要保证。

这一点已为历史上无数事实所证明。任何一个不受法律约束的政府，不管它有多大的威权，也不管它所掌握的国家机器多么强大，但只要政府越过法律的界限，实际上它就成为一个失去民众信任的政府，失信于民给政府带来的损失是沉重的，也是难以在短期内能够弥补的。不幸的是，不受法律约束的政府反而会因此产生错觉，以为自己无所不能，无往不利，结果，政府在错误的泥沼中会越陷越深，最终不能自拔。

总之，法律的权威在于法律的一般性、平等性和公开性。法律是普遍适用的，法律对任何人来说都是必须遵守的一种规则，法律对任何人都按同一个标准来对待，同时，法律必须让任何人都事先知道，知法才能守法，这些就体现了法律的权威。如果法律没有权威，它就会失去作用。

以上所说的法律的一般性、平等性和公开性，对一切政府工作人员同样是适用的。政府调节要依法，意味着政府工作人员要知法、守法，并依法办事。但这往往涉及权与法之间的关系。权大还是法大？权服从法还是法屈从权？这是一个长期存在的老问题。究竟如何处理权与法的矛盾，如何切实做到有法必依，执法必严，违法必究，还需要从理论上再作一些阐述。下面，让我们对这个问题进行讨论。

二、政府调节中权与法的矛盾

政府调节由政府有关部门主持。政府部门的掌权者手中有权力，他们在主持或执行政府调节工作的过程中，可以动用手中的权力，这种权力是同他们的职务联系在一起的。因此，政府部门的掌权者既有可能运用权力对社会与经济进行正常的管理，对经济进行有效的调节，也有可能运用权力来为个人及亲属谋取利益。通常所说的"以权谋私"就是指此而言。

为了杜绝种种以权谋私现象，政府的管理和调节都应当依法进行。有没有法律可依，这当然是需要首先解决的问题。在有了法律之后，是不是根据法律来办事；在不根据法律办事时，掌权者是不是免于法律的追究；在掌权者进行管理和调节时，是不是以权压法，以权代法，所有这些都是法律与权力之间的关系的关键所在。权力是归掌权者握有的。如果掌权者认为，法律是可有可无的，不依法律一样能办事；如果掌权者认为，只要有权，可以随意摒弃法律而不顾，或者可以随意更改法律的规定；如果掌权者认为，法律只对别人有效，对自己是没有约束力的，甚至是没有实际意义的；如果掌权者认为，只要手中有权，没有法律可以制定一条法律来为自己的行为作诠释，即使有法律也可以按照自己的意图来解释它；如果掌权者认为，什么是法律，我说的话就是法律，甚至比法律更有权威性……那就不是法律赋予权力，法律制约权力，法律规范权力，而是权力支配法律，权力凌驾于法律之上了。人类历史上权与法的冲突已经有几千年的历史，这个问题直到现在也还没有很好地得到解决。

对于由传统政治结构和社会经济结构向现代政治结构和社会经济结构转变的发展中国家来说，这个问题尤为重要。社会主义制度下的转型发展中国家，也不例外。发展中国家的经济发展都是在突破重重障碍以后实现的。发展中国家在经济发展中必须突破的巨大障碍是传统的政治结构与传统的社会经济结构，这两者是紧密地联系在一起的。传统的政治结构维护着传统的社会经济结构，而传统的社会经济结构又必然地支撑着传统的政治结构。无论是传统的政治结构还是传统的社会经济结构，都是前资本主义性质的，主要是封建的。在封建的政治结构之下，不管掌权者以何种方式取得了政权，但取得政权以后所建立的政府都是专制的政府，最高掌权者高于一切，权力大于一切，没有法，或者法律形同虚设，法律屈从于权力，法律替掌权者的行为作诠释。在这样的社会中，政府对社会经济生活的支配或干预是直接的。由于没有法或法律屈从于权力，所以政府对社会经济生活的支配或干预也必然是任意的、专横的、个人说了算的。权与法之间的冲突在所有的发展中国家都存在，只不过冲突的激烈程度有所不同而已。

在一些发展中国家，特别是在农村，家族制度、家长或族长统治，也构成传统的政治结构的一部分。在某些地区，宗教势力同样被包括在传统政治结构之中。家族制度、家长或族长统治、宗教势力的统治，往往是经济不发达的城乡的政治结构的基础。什么是法律？对当地来说，是完全陌生的。没有法律，当地有权有势者不照样进行统治吗？家长、族长或宗教势力代表着当地实际生活中的权威，法律或者不存在，或者不起任何作用，或者屈从于当地的掌权者。

实际上，权与法的冲突中所涉及的一个重要问题是权力与权利孰轻孰重。权力是法律所授予的，并经法律确定下来；权利是法律所要维护的，也由法律加以确定。法律保护权利，对权力进行制约，这是权力与权利之间关系的一个方面。法律授予权力，权力的被授予者要运用这种权力来保护法律所确定的权利，这是权力与权利之间关系的另一个方面。这两个方面是统一的。重权力而轻权利，与法律的原则相违背，这等同于重权力而蔑视法律、践踏法律。如果说普通居民重权力而轻权利，是法律意识淡薄的表现，或者说是受传统政治结构的影响所致，那么掌权者的重权力而轻权利，就绝不仅仅表现了法律意识的淡薄，而是反映了一种来自传统政治结构的优越感和特权思想，反映了对法律的轻视。

法律的中心问题是对权利的保障。只强调权力，必然把法律所要保障的权利置于无足轻重的地位。不仅在权力与权利的关系中应把权利放在首位，把权力看成是维护权利的手段，而且在权利与义务的关系中，权利同样应处于首位，保障权利才是法律的目的；没有权利，义务也就失去了意义。如果说权利与义务是对称的，有此必定有彼，那么应当做这样的理解：义务是为了保证权利的实现而设定的。只重视公民应尽的义务而忽视公民应得到保障的权利，往往为权力的不受制约或权力的滥用埋下伏笔。这是对法律的一种曲解。为什么需要监督？监督是使得权力受法律的规范和约束的必要手段。监督的基本目的是防止越权，防止权力被滥用。关于这个问题，本书第六章和第七章中都将较细致地进行分析。下面，让我们考察习惯、道德与法律之间的关系。

第二节　习惯、道德与法律

一、法律产生以后第三种调节的作用

本书第一章中已经说明习惯与道德调节是市场调节、政府调节

以外的第三种调节。关于现代社会中市场调节、政府调节与法律之间的关系，本章第一节作了论述。在这一节，准备就现代社会中第三种调节与法律之间的关系进行分析。

如前所述，习惯与道德调节的出现远远早于市场调节与政府调节。法律的颁布和施行是在政府建立并有效地实行统治之后。因此，不仅习惯与道德调节最初发挥作用时客观上不存在政府，也不存在法律，而且在市场调节最初发挥作用时，政府和法律都是不存在的。可见，习惯与道德调节、市场调节都曾经在没有法律的情形下发挥过作用。

自从有了法律之后，虽然习惯与道德调节继续发挥着自己的作用，但它必须以法律的规定作为边界，习惯与道德调节不得违背现行的法律，这是没有疑问的。问题在于：习惯与道德调节同法律之间究竟是什么关系？能不能说习惯与道德调节是从属于法律，依附于法律的？看来是得不出这样的结论的。习惯与道德调节必须以法律的规定作为边界，习惯与道德调节不得违背现行的法律，不等于它对法律的从属或依附。

让我们先从市场调节与政府调节出现以后习惯与道德调节的补充作用谈起。在市场调节中，市场调节是基础性的调节。习惯与道德调节在市场发挥基础性调节作用的条件下究竟如何起补充作用，可以从以下三个方面来分析：

第一，在市场经济中需要有公平竞争，要维护公平竞争，以保证交易秩序的正常，使每个交易人的预期不会因交易秩序的不正常而紊乱。怎样才能保证竞争的公平性，保证交易秩序的正常，以及使得交易人放心呢？要知道，市场调节是一种机制，在这种机制之下，供给的变化与需求的变化都会引起价格的上升或下降，价格水平的这种上下波动与道德无关，因为这是由客观的供求规律所引起的。但在市场上，某一具体交易行为的当事人是否具有商业道德，以及这种行为是否违背公平竞争原则，对价格的升降仍然是有影响的，市场上不乏交易人违背商业道德、欺骗对方、牟取暴利的现象。对于这种行为，固然要依赖法律的健全，依赖法律的有效执行，使一切违反公平竞争规定的人受到惩戒，但这显然是不够的。再完善的法律也并非没有空隙可钻。法律中对不公平竞争、欺诈行为和破坏正常交易秩序的现象处分的规定再严厉，也并不意味着某些人不会设法逃脱法律的制裁。何况，交易时时刻刻都在进行，每天发生许多次交易，而交易者的人数多得数也数不清。难道单靠法律的规定，就能维护竞争的公平性吗？就能保证交易秩序的正常化吗？就能杜绝交易中的欺诈行为吗？当然不能。于是就产生了培育和发扬商业道德的问题。在依靠法律约束交易者的行为、规范交易者的行为，以及制裁各种违法事件的同时，要教育交易者守法，培育商业道德，抵制种种不符合商业道德的行为。交易者应当自律。交易者越能增强自律性，越能自觉地遵守商业道德，越能用法律来规范自己的交易活动，那么市场调节就越能充分发挥基础性调节作用，而法律的维护公平竞争和维护交易秩序的作用也就越能体现出来。这就是市场调节之下习惯与道德调节的补充作用的体现。

第二，企业和个人都是市场经济中的行为主体，而企业又是由若干个个人所组成的群体。企业中的人际关系是多种多样的，既包括投资者内部的关系、管理者内部的关系、一般职工内部的关系，也包括投资者与管理者之间的关系、高层管理者与基层管理者之间的关系、基层管理者与一般职工之间的关系等。在市场经济条件下，如果能够协调好上述这些人际关系，企业效率肯定会提高，关于这一点，在本书第二章中已有论述。但要协调好企业中的人际关系，促进企业效率的提高，使企业中的个人（包括投资者、管理者和职工）的积极性和潜力发挥出来，既不能脱离法律的规定，又不能完全依赖法律，因为法律不可能深入到企业内部的人际关系之中。也就是说，法律在协调企业内部人际关系的作用主要表现于规范这些人际关系，使之不违背法律的规定，同时，法律保护每一个人的权利，使之不受侵害，法律的作用也就到此为止了。企业的人际关系在许多方面要靠习惯来调节，靠道德力量来调节。习惯与道德调节有助于一般地协调企业中的人际关系，特别是对于那些并不违法而又处于不协调状态下的各种人际关系，唯有通过习惯与道德调节，才能使这种关系由不协调转为协调。这同样体现了习惯与道德调节在市场调节下的补充作用。

第三，把企业和个人作为市场经济中的行为主体，是从交易活动的角度来考察的。但正如本书第一章所指出，社会经济活动是一个广泛的领域，其中有交易活动，也有非交易活动，而且非交易活动所占据的比重还相当大。即使在发达的市场经济中，社会经济活动中仍有很大一部分是非交易活动，或称之为交易以外的活动。在这些活动中，习惯与道德调节起着重要的作用。法律只是规定了非交易活动的边界，使这些活动不得越过法律规定的界限，而在界限以内，要依靠习惯与道德力量的调节。这同样反映了习惯与道德调节在市场经济中的补充作用。

从以上三个方面的分析可以清楚地了解到，即使在市场经济中，在市场调节与政府调节都起作用的场合，在法律产生并被执行的场合，习惯与道德调节不仅存在着，而且它的作用是市场调节与政府调节所替代不了的，也是法律所替代不了的。尽管这里所说的是习惯与道德调节在市场调节作为基础性调节之下的补充作用，但这种补充作用却是不可缺少的。有了习惯与道德调节，市场调节与政府调节的效应就越明显，也越有效，而法律的作用也将发挥得越好。

二、习惯与道德调节同法律之间的关系

既然习惯与道德调节在市场调节与政府调节都起作用的条件下的补充作用是存在的，而且是不可替代的，那么在现代社会中，习惯与道德调节同法律之间的关系也就十分清楚了。概括地说，这种关系包括两个方面：

一方面，法律既是市场调节与政府调节的边界，又是习惯与道德调节的边界，无论是市场调节、政府调节还是习惯与道德调节都应当在法律规定的范围内进行。以习惯与道德调节来说，它可以在一个很小的群体（如一个家庭、一个小村或一个小企业）中起作用，也可以在一个很大的群体（如全社会）中起作用，但在法律产生并被执行之后，不能越过法律规定的边界。同法律相抵触的习惯与道德调节，不是不可能存在的，也不是不可能发生作用的，但既然它越过了法律规定的边界，那么就会产生习惯与道德调节同法律之间的摩擦或冲突，而且矛盾会越积越多，不断激化，终于成为维护正常秩序的一种障碍，并且会使习惯与道德调节渐渐失去原有的作用。这里不妨举两个例子。

例子之一是有关家庭财产的继承问题。不同地方有不同的家庭财产继承的习惯，例如长子继承、幼子继承、诸子析产、家族成员均沾等。某一地方采取什么样的家庭财产继承方式，是由多种因

素决定的，在没有关于家庭财产继承的法律之前，习惯的家庭财产继承方式被当地的人们所遵守，没有人提出异议，即使提出异议也没有用处，改变不了这种习惯。然而，一旦法律对于家庭财产继承方式作出了规定，比如规定了无论儿子或女儿全都享有继承权。这样，习惯与道德调节同法律之间的矛盾，在家庭财产继承问题上便公开化了。有人主张按习惯方式继承财产，但这与法律不符，有人主张依照法律来继承财产，而这又与习惯不合。于是便产生混乱，不管怎样都会使习惯与道德调节在越过法律规定的边界之后发生危机，至少习惯的家庭财产继承方式开始动摇了，不再被那么多人所信奉了，而且习惯与道德调节同法律之间的裂缝还会扩大，久而久之，习惯的家庭财产继承方式会逐渐被法律的规定所替代。

例子之二是有关企业雇佣学徒方面的问题。小型企业，特别是手工作坊，经常雇用学徒。历史上不同地方、不同时期对于学徒的雇用有各种不同的惯例。例如，学徒在学艺期间有没有工资收入，有的地方不付任何工资，有的地方可以付少量工资，有的地方还要学艺的人自己付钱；又如，师傅或老板是否有权对学徒实行体罚，各地也有不同的习惯，有的地方甚至要学徒先立下生死合同；再如，学徒学艺的时间长短，各地的习惯不一样，多则七年，少则三年。某一地方采取什么样的雇佣学徒的方式，是由多种因素决定的，并不是师傅或老板一个人说了算，习惯的雇用学徒方式被当地的人们遵守，实行了多年，谁也没有异议，因为习惯就是如此。学徒当然是要干活的，劳动时间长，常常一天十几小时，而且不仅从事生产性劳动，还帮助师傅或老板干家务活。但是，一旦法律对企业雇用学徒事项作出了规定，习惯同法律之间便会明显地发生冲突。比如说，法律可能规定学徒每天或每周的劳动不得超过多少小时；规定学徒的最低年龄不得小于多少岁，否则就是违法使用童工；规定雇主对学徒参加劳动应当付一定的报酬，最低工资标准为多少；规定雇主不得对学徒施行体罚，更不得订立生死合同，等等。习惯的雇用学徒方式中确有若干不合理之处，法律如果针对这些不合理之处作出了规定，显然是对受雇的学徒的一种保护。但是，既然习惯的学徒制在许多地方已长时期被人们所接受，所以法律同习惯的学徒制之间的冲突就不一定能被人们理解，从而习惯的学徒制只会缓慢地退出历史舞台，习惯服从于法律将是一个相当长的过程。

另一方面，在有关习惯与道德调节同法律之间的关系中还存在着下列情况，即在某些场合，习惯与道德的一定的内容或调节的方式有可能被某些法律所吸收，被写进这些法律之中，成为法律中的某些条款，甚至还可能被政府以法律的形式把习惯与道德调节的某些内容固定下来。如果出现这种情形，那是很正常的。这是因为，一定社会中的法律总是反映那个社会中的价值观念的，法律要调节一定社会中的各种利益关系。因此，法律不可能不以一定的伦理原则作为各种利益关系调整的依据。假定习惯与道德调节的某些内容同一定社会的法律不相符，那么如前所述，习惯与道德调节同法律之间的摩擦或冲突会越来越尖锐，尽管在相当长的时间内会出现法律同与之不相符的习惯与道德调节并存的现象，但最终，习惯与道德调节将缓慢地、逐渐地向法律靠拢，服从于法律。假定习惯与道德调节的某些内容是同一定社会的法律相符的，那么法律完全有可能采纳习惯与道德调节的这些内容，使之成为法律的一部分。这里不妨也举两个例子。

例子之一是有关农村居民的自治组织。无论在历史上还是在现实生活中，农村居民中间都存在过不同形式的群众性自治组织。它本身也有随着时代的变迁而渐渐演变的历史。在不少地方，由于长期封建统治的影响，农村居民的自治组织或者徒有自治的形式，实际上成为当地有权有势家族进行统治的附属物，或者在其活动中带有封建文化和迷信的色彩。但不可否认的是，在有些地方，即使受到封建传统的影响，农村居民的自治组织由于具有群众性，所以在调解居民纠纷，兴办公益事业，以及推动村民互相帮助等方面仍有一定的作用，从而受到当地村民的信任。这种农村居民的自治组织之所以会长时间存在，不是没有道理的。法律的作用在于：按照社会的伦理原则，摒弃农村居民自治组织及其活动中的不健康、不合理成分，而把其中同法律的宗旨相符合的内容吸收到有关群众性自治组织的法律之内，这将保护广大村民的利益，防止出现损害村民利益的现象的发生。如果能够做到这一点，农村中的习惯与道德调节不仅不会削弱，反而会发挥更大的作用。

例子之二是有关民间结社的情形。民间结社由来已久。有各种各样的民间结社，民间自发结成的社团，有自己的宗旨、自己的活动方式、自己对成员的要求。它们通常是在自愿的基础上按照习惯而组成的，它们在一定的范围内对社团的成员起着习惯与道德调节的作用。在历史演进的过程中，有的民间结成的社团活动一段时间后，渐渐解体了，消失了；有的又转变为另一种社团。这些都属于正常的现象，表明民间结社是禁止不了的。政府对待民间结社一般可能采取以下三种做法，一是取缔被认为不利于实现社会目标的结社；二是既不取缔它，也不承认它，任其自发地结社和进行活动；三是作出规定，把符合规定的社团纳入法律约束与保护的范围内。假定采取的是上述第三种做法，那就需要制定有关社团的法律，并把与民间结社有关的习惯与道德调节的某些内容纳入法律之中。这样，法律同习惯与道德调节在民间结社问题上便可以统一起来。当然，上述第三种做法与第一种做法也不是抵触的，即承认符合法律规定的社团，取缔不符合法律规定的社团。

三、法律与自律的关系

自律体现了习惯与道德调节的作用。即使在习惯与道德调节的一部分内容被吸收到法律之中并成为法律的一部分之后，这不仅不意味着习惯与道德调节就此失去了意义，而且还表明习惯与道德调节的一部分内容已有了法律的依据，从而可以在法律的范围内更好地发挥作用。何况，被纳入法律之中的只是某些同法律相符的习惯与道德调节的一部分内容而已。

纳入了法律也好，未纳入法律也好，习惯与道德调节始终按照自己的特点发挥着作用，因为它们调节着人们的行为，它们所要确立的是人们行动的规范，也就是社会的规范。社会规范是指社会各个成员在一切行动和生活中都应当遵守的原则。个人根据自己的志愿、兴趣、爱好、责任感、公益心或出于自己的追求利益的动机，可以有各种不同的行为和生活方式，但这些行为和生活方式要符合社会规范，否则对社会是不利的，对别人是不利的，归根到底对个人也不利。社会由无数个个人组成，一个人的利益或个人目标的实现应以不损害其他人的利益或其他人目标的实现为条件。如果这里确实存在着损害，那就要探讨个人目标及其实现方式的合理性了。对某一个人来说是合理的，并不一定对社会上的其他人也是合理的。判断个人行为的合理性的标准只能是社会规范，即人人都应当遵守的原则。如果个人行为不符合社会规范，或者说，如果个人目标及其实现方式违背了人人都应当遵守的原则，那么它们就应当受到约束，包括社会对他的约束和他的自我约束。如果法律体现了社会规范或社会规范已被法律所吸收，那么社会对个人目标及其实现方式的约束就等于法律的约束，个人的自我约束就是守法，就是自律。自律等于一个人自觉地遵守社会规范。

在这里，特别需要指出在法律起作用的条件下个人自律的意义。在市场经济中，法律的作用在于维护市场的秩序和保障交易人或市场上每一个行为主体的合法权益。一个人，不管他从事什么工作，如果他能够时时处处以社会规范来约束自己，那么市场调节与政府调节的效应就会明显地表现出来，社会经济秩序也就能正常化。法律要求个人自律，个人自律使法律能更好地被执行。

自律所遵守的是由习惯与道德调节确定的一种行为准则。这种行为准则表明一个人在社会上"应该做什么""怎么做""不应该做什么"和"不应该那么做"。当然，正如本书前几章已经反复阐明的，个人行为不可能只受个人利益因素的影响，如果那样的话，个人的社会责任感、公益心或个人对公共利益、公共目标的认识和维护就得不到解释了。另一方面，如果认为个人行为仅仅受公共利益、公共目标的影响，那也是片面的，因为对社会上的多数人来说，要使个人有主动性、积极性，不能离开个人利益关系去规定一个人"应该做什么"和"怎么做"。市场经济条件下个人的自律，实际上把个人对公共利益、公共目标的考虑和对个人利益、个人目标的考虑结合在一起。这种自律与法律规定是一致的。

对自律与法律规定的一致性可以作出这样的解释：个人对公共利益、公共目标的考虑，既来自习惯与道德调节的作用，也来自法律的规定；个人对个人利益、个人目标的考虑，同样来自习惯与道德调节的作用和法律的规定。由于个人总是属于某一个群体或若干个群体，他同自己所属的群体有认同关系，因此，他必须在法律所规定的限界内参与群体的活动，同时，在习惯与道德调节之下，他对群体的关心和认同就是对以群体为代表的公共利益的关心和认同。他的个人利益既与他对群体的认同有关，也与他对法律的遵守有关。他的自律，从守法和对群体利益、群体目标认同的角度来看，也包含了他对个人利益、个人目标的考虑。

第三节　自律问题的进一步探讨

一、自律与海德格尔公案给人们的启示

自律的性质和自律的意义，上文已经作了说明。现在让我们再对自律问题作进一步的探讨。

自律不仅是个人遵守商业道德与职业道德的问题。交易者要遵守商业道德，管理者要遵守职业道德。工商界人士、企业职工、政府机构工作人员等，当然都要自律。自律既意味着守法，也意味着道德力量对人的行为的约束。

对知识界来说，自律的含义可能还要广泛些。知识界的特点在于他们既用自己的行动来参与各种社会、政治、经济工作，也用自己的思想和言论来表达自己对社会、政治、经济的看法，并以此影响社会上的其他人。任何一个政府，为了实现自己的目标，都需要知识分子来为政府目标的实现出力，包括让他们提供各自

的文化、技术和知识，也包括以他们的学术地位、声望、信誉作为标榜，产生示范作用。于是知识界便面临着比社会上其他人更大的考验，因为通常所说的真理与权势之间的选择对知识分子来说是更为严峻的。

关于纳粹统治时期德国知识界某些人的所作所为，所言所书，可以作为知识分子需要有高度自律性的例证。德国著名哲学家马丁·海德格尔（Martin Heidegger，1889—1976年）是一个有争议的人物，不妨就学术界对他的评价作一些讨论。海德格尔被认为"也许是本世纪最有影响的哲学家……他的思想震撼了整个哲学界"。[①] 他于1933年4月底当选为德国弗莱堡大学校长，这时距离希特勒任总理（1933年1月底）刚好三个月。他的前任校长之所以被解职，是因为曾经禁止纳粹倾向的学生在校园内张贴反犹太人的布告。前任校长和一些教授希望由海德格尔出任校长，据说是由于他们当时相信海德格尔的国际声誉将有利于保存部分学院自由和阻止纳粹党的极端破坏行为。海德格尔同意出面，校委会一致通过。[②] 海德格尔于1933年5月27日发表的题为《德国大学的自我主张》的就职演说中，有大量拥护纳粹和与纳粹宣传合拍的提法。1934年2月他辞去校长职务，并拒绝参加与纳粹党人新校长交接的典礼。1936年开讲的尼采课表明他同纳粹运动的分手，从此他受到纳粹的排挤、监视和迫害。1944年夏天，他被送到莱茵河对岸去挖

---

① 舍汉主编：《海格德尔：其人其思》，第1页，芝加哥1981年版；转引自陈嘉映著：《海德格尔哲学概论》，三联·哈佛燕京学术丛书，生活·读书·新知三联书店1995年版，第3页。

② 参阅陈嘉映：《海德格尔哲学概论》，三联·哈佛燕京学术丛书，生活·读书·新知三联书店1995年版，第11—12页。

战壕，他是被征召的教师团体中年纪最大的一个，而免除 500 个最著名的学者、科学家和艺术家战时劳役的名单上却不包括他。盟军解放德国以后，海德格尔因其与纳粹的牵连被禁止授课，直到 1951 年解禁。解禁后不久，他就退休了。①正是这样一个在纳粹德国时期同纳粹有过短期合作经历的著名学者，其所言所行所思却留给评论者不少值得探讨的东西。陈嘉映先生在其所著的《海德格尔哲学概论》一书中有如下的评述："海德格尔之卷入纳粹运动却又不是一个偶然的失误。他一直厌恶平民政治，憧憬优秀人物主政的往昔，直到晚年仍明言不信任民主制度。纳粹运动确实颇合他的口味。即使在他对纳粹的实际发展失望之后，恐陷仍怀有不少惋惜。研究者们早注意到一个事实：海德格尔后来虽愿辩清自己和纳粹的牵连，却从未正面谴责纳粹犯下的滔天罪行。"②一个知识分子，本人持有什么样的学术观点和赞成什么、反对什么，是一回事，他的政治态度，特别是他对黑暗势力的屈从，以及同黑暗势力的合作，哪怕只是短时期的合作，则又是一回事。自律主要不是指前者而言，而是针对后一种情况而言的。

张汝伦先生在"既往可咎：谈海德格尔公案"一文中曾这样写道："如果标榜服膺真理，主张正义的知识分子不能因自己的行动来维护真理和正义，那么真理和正义还有什么价值？知识分子本身又还有什么价值？并非每个人都有布鲁诺的勇气，但至少应该做到：在不能说真话的情况下，也决不说假话，在无力与魔鬼抗争时，也

① 参阅陈嘉映：《海德格尔哲学概论》，三联·哈佛燕京学术丛书，生活·读书·新知三联书店 1995 年版，第 14—15、19 页。

② 陈嘉映：《海德格尔哲学概论》，三联·哈佛燕京学术丛书，生活·读书·新知三联书店 1995 年版，第 17 页。

决不把灵魂抵押给魔鬼。"① 文内还指出："在一个现代社会中，知识分子应该既是文化的传承者和创造者，又是现实的批判者和社会的良心。这是他的三种基本责任。知识分子应该既是赛先生，又是德先生。在这方面，把爱因斯坦和海德格尔加以对照是很说明问题的。一个是大科学家，一个是大哲学家，两人都对人类文化产生了重要的影响。但是，在正义遭到践踏的时候，一个挺身而出，维护人类的良知和正义；一个却幻想魔鬼能做好事而与魔鬼妥协。爱因斯坦是现代知识分子的完美典范，而海德格尔的艺术成就再大也无法洗刷他人格上的耻辱。"② 这两段对海德格尔的评论是相当深刻的。

如果要根据每个时代、每个地方的具体情况来进行考察的话，那么还可以对上述第一段评论中的两句话再作些分析。"在无力与魔鬼抗争时，也决不把灵魂抵押给魔鬼"，这是应有的态度，适用于任何场合。知识分子的自律，或者说，一切人的自律，都要做到这一点。"在不能说真话的情况下，也决不说假话"，这也是正确的，但对假话本身，似乎需要分析得再深刻些。有不同的假话——如果处于某种不得已的环境中，连沉默都不被允许，那也只好人云亦云，言不由衷地说几句应付性的套话、假话。这是可以谅解的。但海德格尔在同纳粹合作时，显然不是在说应付性的、套话式的假话。海德格尔要么说的是真话，即他的想法同纳粹主义的想法是合拍的；要么说的是另一种假话，即内心虽然不同意纳粹的所作所为，但出于个人的某种目的，却说些恭维纳粹的假话，向纳粹讨好的假话，等等。这正是海德格尔多年以来一直在德国学术界受到人

---

① 张汝伦："既往可咎：谈海德格尔公案"，载《读书》，1989 年第 4 期，第105—106 页。

② 同上。

们谴责的原因。尽管他只是短时间内同纳粹合作过，这仍是洗刷不掉的耻辱。知识分子的自律之所以必要，从海德格尔的经历可以得到启示。

二、再论守法与自律的关系

前面已经谈到法律与自律之间的关系。但既然这里的问题涉及在纳粹德国的环境中知识分子如何自律，那就有必要对守法问题再作深入一层的探讨。

照理说，遵守法律同遵守道德规范应当是统一的。一个人，如果不遵守法律，通常也就谈不上什么遵守道德规范或遵守社会公认的行为准则。但这种说法应当有一个前提，即法律是符合道德规范的，法律体现了社会公认的行为准则。问题在于：法律是谁制定的？由谁来解释？由谁来执行？如果是无法可依，那就无所谓守法还是不守法，而且，既然没有法律可依，个人行为的边界究竟在何处，谁也不清楚，这样，道德约束自然而然地代替了法律的约束。但是，如果法律是由专横暴虐的统治者所制定的，由他们来任意解释并由他们来执行，难道这种"有法可依""执法必严""违法必究"能同道德规范一致，同社会公认的行为准则一致？难道各国历史上一切被制定和实施的法律都应当无条件地被该国当时的人民所接受吗？显然不能如此。即使某一法律的制定是符合法律程序的，并且是代表们投票通过的，难道它必定符合公共利益、公共目标？也不一定。仍以纳粹德国的统治为例。众所周知，希特勒不是靠军事政变上台的，而是符合德国当时的法律取得政权的，当时大多数德国人投票选择了希特勒。当时的选民之所以选择了希特勒，或者是被他所在政党的纲领所迷惑，或者是被他个人的魅力所吸引，或者是寄希望于他，以为这样一来，危机中的德意志民族就有救了。当时德国知识界中不少人正是这样看待希特勒及其政党的。但是，如果说希特勒竞选时，知识界中不少人还不了解德国政坛可能发生的剧烈的变化，将把德国人民引入深渊的变化，难道在希特勒执政后立即颁布的措施被推行后还不了解这一点？难道德国城市大街上公开对犹太人施暴的行为不能让德国知识界惊醒过来？这就同知识分子的自律有关了。不自律，就会在法律问题上分不清是非。

当一个专制的政府试图用自己所制定或随意解释的法律来扼杀真理与正义时，并不是很难识别这种法律的实质。但为什么会有人在道德面前退却与溃散呢？为什么自律精神竟丧失殆尽呢？不能不认为这同个人利益有关，即或者是为了保住个人既得利益，或者是为了谋取个人的更多利益。也许有人会问，既然政府已颁布了法律，难道不应该守法吗？守法有什么不对？比如说，在纳粹统治时期，德国就是这样，有法律可依，一贯守法的德国知识分子怎能不守法呢？这实际上是一种自欺之词。正如前面已经指出的，在希特勒上台后所推行的政策已明显地暴露其不公正性和非正义性时，即使个人无法同这样的政府与统治者抗争，沉默依然是可行的。沉默不也表现为守法吗？像海德格尔那样的著名教授、大哲学家、国际知名学者，如果自律的话，保持沉默不也可以吗？退一步说，即使沉默也不被允许，讲几句套话应付一下，也说得过去。但为什么一定要同纳粹合作（哪怕只是短暂的合作）呢？为什么要为纳粹赞美或为之辩护呢？不自律，就必定落得在道德面前退却和溃散的下场。

关于个人利益问题，还可以再作一些分析。根据动力来自个人物质利益的假设，个人行为是受自己的物质利益支配的，并且通常所说的物质利益是指个人收入或财产的增加。根据动力来自个人的广义利益的假设，个人行为要受到自己的物质利益和非物质的利益的支配，通常所说的非物质的利益是指个人得到的荣誉的增加、个人在精神上的满足等。随着个人收入水平的上升，非物质的利益在个人广义利益中所占的比例将逐渐增大。根据动力并非全部来自个人利益（包括个人物质利益和个人非物质的利益）的假设，个人行为还要部分地受到利益以外的因素（如对公共利益、公共目标的关心等）的影响。这样，对个人来说，实际上存在着两种因素共同影响之下的行为准则，这两种影响个人行为的因素就是个人利益因素和公共因素。法律与自律是对这两种因素都发生作用的。在法律的约束下，个人无论在争取实现个人利益与个人目标时，还是在为公共利益与公共目标的实现而努力时，都不应越过法律所规定的边界，自律就是守法。在道德力量的影响下，个人为公共利益和公共目标的实现所做的努力通常受到道德的激励，而个人在制定个人目标时，在评价个人利益时，尤其是在争取实现个人利益和个人目标时，都应当以道德标准来约束自己：不值得争取的，就不应当去争取；不应当采取的方法，就坚决摒弃。自律表现为道德的约束。

由此可见，自律很可能是个人的最后一道防线。通过自律，道德力量的作用将充分显示出来。为什么守法不是个人的最后防线呢？这是因为，正如前面指出的，需要判别要守的是什么样的法律，是谁制定、谁解释、谁执行的法律？难道专横暴虐的统治之下的法律能符合道德原则？"在不能说真话的情况下，也绝不说假话"，沉默也是守法，但沉默更主要是自律。假定统治者在法律的名义下违背了道德规范而胡作非为，那么严格的自律会使得人们不附和，不趋炎附势，不盲从，不献媚。严格的自律会使他们即使在恶劣的环境中至少能保持沉默，守住道德规范这道防线。

从这里还可以了解到，由于个人行为受到个人因素和公共因素的共同影响，个人行为准则是个人因素和公共因素共同影响之下的行为准则，以及由于个人行为要受到道德规范的制约，所以在评价个人行为时要记住，在个人利益之上存在着社会上人人都应当遵守的原则，即公共利益原则。尽管不同的社会成员之间在个人行为方面存在着差异，但这是正常的现象，只要个人行为不违背公共利益，它们就是合理的，就有理由存在。自律所把住的道德规范的防线，就是不违背公共利益的防线。

三、报应的公正与自律的局限性

既然自律体现了习惯与道德调节，那就要问：在自律时，有什么可以判断是非的标准呢？虽然习惯与道德规范都不是少数人所能拟定的，而是长期内逐渐形成并被大多数人所承认的，但判断是非的标准始终是客观存在的。我们可以用公共利益和公共目标作为标准，这样人们都可以接受。那么公共利益和公共目标又按什么标准来判断呢？在公共利益和公共目标的名义下，历史上不也曾发生过多次违反道德规范的事件吗？对公共利益和公共目标，不也有各种各样的解释吗？有时，公共利益和公共目标会变成一种遮羞布，遮住了形形色色见不得人的勾当。腐朽势力也会有"殉道者"，或者说，"殉葬者"，他们之中有些人也能置个人利益于不顾，能说他们没有自律性吗？不能。原因恰恰在于他们不把腐朽势力的目标看成是不应当争取实现和不值得维护的目标，而把它当成了公共目标。

这表明，自律也是有局限性的。这种局限性反映为在不明确究竟什么是公共利益和公共目标的情况下，自律可能把人引导到为反公共利益和反公共目标而努力的邪路上去。在这种情况下，一个人越是自律，可能在错误的立场上陷得越深，越不能自拔。

让我们姑且用公正或正义作为自律时判断是非的依据。那么什么是公正？什么是正义？在诺兰（Richard T.Nolan）等人所著的《伦理学与现实生活》一书中有这样一段话："从亚里士多德以来，人们通常把公正区分为报应的公正和分配的公正。报应的公正要惩处侵犯他人权利的行为，或者恢复对一种权利的享受。分配的公正，只根据恰当的差别，来确保所有社会成员之间权利和特权的公平分配。"① 关于分配的公正或公平分配问题，本书第三章中已经进行了论述，这里只讨论报应的公正问题。报应的公正涉及正义是否得到伸张，用中国民间的语言来说，报应的公正意味着"善有善报，恶有恶报，不是不报，时候未到"。不公正则指：善恶不分，甚至善恶颠倒，善得不到善的结果，恶得不到应有的惩处。在道德力量发挥作用的条件下，一个人即使无法扭转善恶不分、善恶颠倒的大局，但通过自律，可以分清是非善恶，做到心中有数，不作恶，不从恶，不扬恶，鄙视恶，斥责恶。但自律不能实现报应的公正，自律无法惩恶。

毫无疑问，自从政府形成之后，报应的公正从来不是每个人的自律就能实现的。自律不能实现"恶有恶报"。报应的公正要依靠法律的公正裁决。如果法律还做不到公正的裁决，那就需要通过其

---

① 诺兰等：《伦理学与现实生活》，姚新中等译，华夏出版社1988年版，第406—407页。

他途径来促使法律走向维护正义的道路，这仍然不是靠人们的自律就能解决的。自律的局限性也表现于此。

因此，公正的维护与公正的持久存在，要依靠法律与自律的共同作用。法律能做到自律所做不到的事情，立法者和执法者的自律能保证法律的公正性。换言之，从自律的角度看，社会上有更多的人用道德规范来约束自己，恶可以大大减少；从法律的角度看，法律能使善得到保护，使恶得到惩处，从而报应的公正就可以实现了。

在社会生活中有时会遇到这样一种情况：立法者是公正的，所制定的法律也是公正的，但执法者不公正，不遵照法律行事，以致法律所保障的公民权利落空，比如说，执法者违背法律，随意扣押、拘留公民，随意搜查和限制人身自由，甚至偏袒违法的一方等等，这样，报应的公正就实现不了。当然，执法者应当自律。如果执法者能够自律，那么上述这些违背法律、违背执法公正性的事情就不会发生了。如果执法者不自律，怎么办？其他人的自律代替不了执法者的自律，或许也纠正不了执法者的不自律现象。所以，在这种情况下，唯有诉诸法律，才能纠正执法者的不公正行为，也能惩罚一切违法者，包括违法的执法人员。

四、非正常状态下的自我约束

自从政府出现之后，政府工作人员的贪污、受贿、腐败问题几乎一直伴随着政府而存在着。在政府监察部门抓得紧的时候，这类丑恶现象可能减少一些或隐蔽一些，而在监察工作放松时，这类丑恶现象便大大增加，甚至公开化。监察部门本身的贪污、受贿和腐败，更是一个不易消除的问题。

　　以市场经济中的情况来说，市场需要有公平竞争，需要有正常的交易秩序，而正常的交易秩序也有助于发挥市场机制的调节作用，有助于遏制经济与社会生活中的腐败现象，因为腐败现象的滋长与蔓延是同市场秩序混乱、以权力为基础的不正当竞争有关。以权力为基础的不正当竞争又同权力不受监督、不受制约的滥用联系在一起。滥用权力者支持不正当竞争，并从中捞取种种好处，而一切指望通过不正当竞争获得利益的交易人总是把希望寄托在掌权者身上，依靠后者对权力的滥用使自己达到目的。这样，权与钱之间的交易便不可避免，贪污、受贿和各种腐败现象就滋长和蔓延开来。因此，法律与自律两者的共同作用，不仅在于使市场有秩序，使交易正常化，从而遏制腐败，而且也在于对权力的制约，对掌权者的监督，防止出现对权力的滥用。

　　从这个意义上说，对政府工作人员而言，自律至少包含两方面的含义：一是政府工作人员要严格要求自己，在任何情况下，尤其是在市场秩序不正常时，不违背政府工作人员的职业道德，遵守法律，奉公尽职；二是政府工作人员要谨慎使用手中的权力，切不可滥用权力来为自己谋取私利，也不可凭个人的好恶滥用权力。政府工作人员的自律，正是为了维护社会的公正。一切不受规则约束的、变化无常的、随意性的决策，一切带着偏见来运用权力和规则的行为，一切任意地、专断地使用权力和作出决策的行为，都是违背社会公正的。法律禁止这些行为，自律使政府工作人员不仅自己远离这些行为，抵制这些行为，而且要揭露别人的类似行为。这种远离、抵制和揭露，是来自道德的约束，是道德力量起作用的结果。

　　政府工作人员加强自律的重要性，还可以通过对非正常状态的分析而得到进一步的认识。非正常状态，在实际生活中是大量存在的。正常状态中，法律是完善的，执法是认真的，诉讼按一定的程序进行；而常见的法律不完善，执法不认真，诉讼不按程序，都属于非正常状态。正常状态中，工作有法可依，界限清晰，责任明确，人们对政府的行为有意见可以发表，可以申述；而常见的无法可依，界限模糊，责任不清，人们缺乏言论自由，思想受压抑等，就属于非正常状态。企业最担心的是在非正常状态中经营，个人最害怕的是在非正常状态中工作与生活。这是因为，非正常状态使得企业与个人无所适从，正如一个驾驶汽车的司机最发愁的就是在缺乏交通规则、交通无人管理、红灯绿灯显示不明的情况下行车，这样开，可能遭罚，那样开，也可能遭罚，而且罚款者爱怎么罚就怎么罚，答辩无用，躲又躲不掉，怎不让司机愁煞？

　　非正常状态恰好是某些缺乏自律的政府工作人员最容易利用手中的权力来获取私利或凭个人好恶来打击他人的机会，也是社会经济生活中各种腐败现象滋生的温床。在非正常状态中，游戏规则或者不存在，或者不那么有效了，随意解释游戏规则的可能性增大了，甚至谁也不遵循游戏规则了，如果政府工作人员缺乏自律，社会经济秩序的恶化是可想而知的。还应当指出，在非正常状态中，对政府工作人员的监督形式往往无效。这些工作人员作为被监督者，不仅不受监督，甚至还操纵监督者，使后者为自己服务。假定政府工作人员不自律，法律约束又能对他们起多大作用呢？这是一个值得研究和设法解决的问题。本书准备在第六章中再就此展开论述。

第四节　道德激励

一、个人持久主动性、积极性的源泉

自律通常被理解为个人的一种道德上的自我约束。这种理解未免有些狭窄。自律还有积极的、进取的一面，这就是：一个人，不管从事哪一种工作，不管在什么样的岗位上，都应当有敬业的精神、进取精神，在自己的工作岗位上努力工作，做出成绩来。精神上的动力是重要的，可以把道德的激励称做自律的另一面，它与道德的约束是相辅相成的。

关于自我的道德激励同敬业精神、进取精神之间的关系，不妨从经济生活中的动力谈起。在经济分析中，动力来自个人物质利益的假设是有局限性的。前面已经提到，个人利益不以物质利益为限。人是"社会的人"，他的利益要比单纯的物质利益或经济利益广泛。动力并非全部来自利益的假设正是这样被提出来的。在任何一级收入水平上，个人的行为都会受到利益以外的因素的影响，而在个人收入增长后，非利益的考虑往往更加突出。这就是说，在个人收入达到一定水平后，物质利益对个人主动性、积极性的激发会有所减退，个人会较多地从利益以外的角度来考虑问题，而他在经济活动中的主动性、积极性的一部分或较大部分也可能由此而来。

正因为个人的动力中有来自非利益的部分，所以在经济活动中一般不可能出现个人动力递减的现象。这里所说的动力递减，是指个人在从事经济活动时，随着经济活动的进行和收入的增长，

他的主动性、积极性会逐渐减弱。在动力唯一地来自个人物质利益的条件下，动力的递减是可能出现的，因为收入不再像过去那样有那么大的刺激作用了。这里涉及收入的取得和为了取得这种收入而付出的努力之间的替代关系。对个人来说，当收入水平增长后，个人将考虑是否值得继续投入同过去一样多的努力去取得一定的收入，时间和精力也许对他更为重要些。个人收入激励作用的递减、物质利益动力的递减就是这样形成的。而当利益以外的考虑在个人经济活动中占据越来越大的位置时，即使个人的收入水平上升了，但个人的动力不一定下降，这时，他完全可能同以往一样地有主动性、积极性，甚至比以往更加主动，更加积极，因为经济方面的顾虑已经解除，他可以把主要的时间和精力投入非利益动机的事业之中。

如果我们从这个角度来考察，那么动力来自个人物质利益的假设的局限性就很清楚了，我们可以由此进一步探讨社会经济活动中个人持久的主动性、积极性的源泉。

当然，我们也不能忽视，个人持久的主动性、积极性不能只从个人的角度来考虑，对客观条件的分析同样是必要的。一个人能否持久地有主动性、积极性，他自身的努力固然重要，但如果他在某个企业中工作，那么，那家企业是否注意发挥职工的主动性、积极性，也是十分重要的。如果那家企业漠视对职工主动性、积极性的调动和发挥，个人就很难迸发出持久的主动性、积极性。而要让企业注意调动和发挥职工的主动性、积极性，又同经济体制有关。比如说，市场机制取代了计划指令，公平竞争代替了对企业的差别对待，企业的自负盈亏代替了国家对企业的统收统支，这样，企业就必然重视调动职工的主动性、积极性。

　　假定经济体制与企业体制都符合市场经济的要求，那么人的主动性、积极性怎样才能产生并能够持久化呢？让我们转入道德激励问题的讨论，因为个人持久的主动性、积极性的源泉与此有关。

二、道德激励与利益动机的相容性

　　一个人自我的道德激励，同一个人在工作时具有利益动机是不是可以相容？这个问题是值得探讨的。不能简单地认为一个人有了利益动机，道德的自我激励就消失了；也不能简单地因为一个人在道德激励之下产生了持久的主动性、积极性，就不承认他还受到利益动机的某种程度的影响。一个人的主动性、积极性很可能部分地来自利益动机，部分地来自自我的道德激励；持久的主动性、积极性也可能如此，只是道德激励起的作用更大一些而已。再说，当个人以利益作为活动的动机时，也需要有敬业精神，在同其他人进行交易的过程中应当讲信用，这里也包含了道德的自我激励的内容。

　　对社会上大多数人来说，可能既以个人利益为目标，同时也有实现公共目标的愿望，因为他们认为个人利益的实现与公共目标的实现是不矛盾的。比如说，一个人兴办某个企业，他认为，如果他成功了，企业越办越兴旺，不仅他的个人利益增长了，而且对社会也有好处，这不也有利于公共目标的实现吗？又如，一个人在某个企业中工作，他想，自己的这份工作不仅能给家庭带来收入，改善生活，而且工作的出色将使得企业的效益增加，而企业效益增加对社会是有利的，这样，个人利益动机与公共目标在他的身上也就统一起来了。不考虑个人利益而只考虑公共目标的人，虽然每个时代都有，但毕竟只是少数人。

当个人利益与公共目标发生冲突，而且两者只能择一时，对每一个既考虑个人利益又考虑公共目标的人是一场考验。如上所述，社会上大多数人是把个人利益与公共目标结合在一起考虑的，个人利益与公共目标的兼顾使他们不需要作出两者只能择一的决策，因为实现了个人利益，对公共目标的实现也有利，而公共目标的实现中也包含了个人利益的实现，没有两者只能择一的必要。然而一旦个人利益的实现与公共目标的实现只能两者择一时，并不是所有的人都能作出正确的决策和选择。道德力量的作用在这种场合将充分地显示出来。选择个人利益而放弃公共目标的人，在道德力量的面前退缩了。在历史上和现实生活中不乏这方面的例子。但仍然有不少人能选择公共目标而舍弃个人利益。这也是自律的结果：自律使他们既有道德的约束，又有道德的激励。道德的自我约束，使他们谨守道德规范的防线，不做违背公共利益和公共目标的事情，在个人利益和公共目标只能两者择一时，不会为了个人利益而牺牲公共目标。道德的自我激励，激发了他们为公共利益和公共目标的实现而努力的热情，自愿地在个人利益和公共目标冲突时把公共目标的实现置于个人利益之上。道德的自我约束与道德的自我激励是同等重要的。

在社会经济活动中，道德的自我激励有时会被人们所误解，即认为凡是个人在经济活动中因存在利益动机而获利时，就会被看成是出于个人的利益考虑，道德的自我约束可能还存在，而道德的自我激励却不存在了，不起作用了。这种误解之所以出现并会被人们所接受，是因为他们把道德激励与利益动机说成是互不相容的。根据以上的分析，我们可以得出如下的论断：

在某些个人利益与公共目标之间不需要作出两者只能择一的场

合，对个人来说，个人利益的实现与公共目标的实现可以相容。道德的自我激励既有助于公共目标的实现，也有助于个人利益目标的实现。在这种情况下，道德激励与个人利益动机也是一致的，因为个人受到敬业精神和诚实信用原则的激励，为了实现利益目标，工作应当做得更好，提供的产品和劳务应当更加得到社会的欢迎。

在个人利益与公共目标之间存在着只能两者择一而且必须作出果断决策的场合，对个人来说，无论是选择公共目标而放弃个人利益还是选择个人利益而放弃公共目标，都能感受到个人利益与公共目标的冲突。假定他选择个人利益而放弃公共目标，那么道德激励没有起到作用，道德激励同他的利益动机是不协调的。假定他选择了公共目标而宁肯放弃个人利益，那就表明，在这种情况下道德激励已经发生了作用，道德激励与个人利益动机可以相容，从而个人作出了应有的选择：一个人在不违背公共利益和公共目标的条件下争取实现个人利益，以及他在个人利益与公共目标有冲突时选择公共目标而放弃个人利益，都有可能受到道德激励的影响。这都表明了道德激励与个人利益动机不是不可以相容的：两者的相容表现为认定公共目标中包含了个人利益。

由此可见，道德激励与个人利益动机可以相容，但又并非必然相容，因为在个人利益与公共目标之间存在着只能两者择一，而个人选择个人利益而放弃公共目标时，道德激励与个人利益动机的不相容就暴露出来了。

三、自律是道德自我约束与道德自我激励的统一

以上的分析已经说明，道德的自我约束固然重要，道德的自

我激励同样重要。社会经济生活中，假定只有个人的道德自我约束而没有道德自我激励，社会也许会失去生气，失去活力，失去进取精神，人们可能谨小慎微，但求无过。假定只有个人的道德自我激励而没有道德自我约束，人们在行动中可能失去应有的警惕而放松自己行为的检点，也就是有可能守不住道德规范的防线。只有道德的自我约束与道德的自我激励并重，才能使社会既能充满生气和活力，又能兼顾公共目标和个人利益。一个严于自律的生产者、工作者，可以是一个具有奉献精神的人，也是一个具有进取心的人；可以是一个有敬业精神的人，也是一个收入不断增长的人。他的奉献精神、进取心、敬业精神，以及事业成功并取得不断增长的收入的事实，都同他的道德自我激励和自我约束有关。

一个人在非正常条件下不仅更加需要有道德的自我约束，而且也更加需要有道德的自我激励。历史上的情况暂且不谈，就以现实生活中的例子来说，人生活在社会中，要生存，要发展，要适应各种不同的生活环境和工作环境。他除了要能够在正常条件下生存和发展而外，还要有在各种非正常条件下生存和发展的能力，否则，这个人的生存能力是脆弱的、经不起挫折和打击的。还应该看到，人们通常所说的适应能力，主要不是指适应正常条件的能力，而是指适应非正常条件的能力。判断一个人的能力大小和生命力是否旺盛，一个重要的标准就是看他能否在非正常条件下生存和发展，能否适应种种逆境。

然而，在处于相同的非正常条件下的若干人之中，为什么有些人消沉，有些人奋进？为什么有些人堕落，有些人却能自持不屈？道德的自我约束和自我激励同时发挥了作用。一个人，如果在非正常条件下能够自持、奋进，应当从精神方面去寻找产生适应非正常条件的能力的原因。这里尤其应当提到的是道德的自我激励的作用。在道德的自我激励之下，为了一种信念、一种理想、一种目标，他会正确对待困难，克服困难，把艰苦的环境作为对自己的磨炼。道德的自我激励会使他学会如何适应非正常条件，从而使自己得到发展。从这个意义上说，一个人越是处于非正常条件下，就越需要有道德的自我激励，道德力量的作用也更能显示出来。

任何一个人，有时都难以避免惰性的产生及其对自己行为的牵制。如何克服惰性？一方面，这与良好的社会风尚的形成和影响有关；另一方面，又与个人不断的道德自我激励有关。在良好的社会风尚的影响下，当周围的人都能战胜惰性，不断创造与进取时，一个人即使存在着惰性，但摆脱惰性的可能性也将增大。而道德的自我激励在这种情况下之所以显得更加重要，原因在于：不管周围的人是否战胜了惰性，是否创造或进取，只要自己在道德的激励下能够奋发，那么不仅能克服惰性的牵制，还能影响周围的人，使他们有信心和毅力去战胜惰性。

总之，自律作为道德自我约束和道德自我激励的统一，理所当然地会引起社会的重视。当人们有道德的自我约束时，就会在社会经济活动中严格要求自己，不做任何违背道德规范的事，抵制一切损害公共利益和公共目标的行为。当人们有道德的自我激励时，就会有进取心、奉献精神、敬业精神，就会摆脱惰性，战胜困难，即使处于逆境之中也能使工作更有成绩，更为出色。

第五章　第三次分配

第一节　第三次分配概述

一、第三次分配的定义

第四章所讨论的道德激励问题，涉及敬业精神、进取心、对非正常条件的适应、对惰性的摆脱，以及战胜逆境的决心和毅力，等等，所有这些都会对生产领域发生积极的影响，从而将大大促进效率的增长与国民财富的创造。现在，让我们把讨论的范围延伸到收入分配领域。通过分析可以了解到，习惯与道德调节的作用，包括道德约束与道德激励的作用，对收入分配的影响同样是非常显著的。

在市场经济中，人们通常把市场进行的收入分配称做第一次分配，把政府主持下的收入分配，称做第二次分配。第一次分配是按照市场的经济效益进行的。各个生产要素的供给者按照各自提供的生产要素的数量和质量，经过市场的检验与认可，取得相应收入。市场经济中第一次分配的基本原则是：经济效益越高，收入越多；无经济效益，则没有收入。也就是说，在市场经济中，不能简单地用是否提供了生产要素和提供了多少生产要素来判断有没有收入或收入多少，因为这里存在着市场的检验与认可问题。市场是无情的，如果所提供的生产要素不被市场所认可，经不起市场检验，没有经济效益，那么还是不会有收入。第二次分配是由政府主持的，政府有自己的目标，为了实现这一目标，政府可以采取各种收入调节手段，例如，一方面向达到一定收入数额的个人征收个人所得税，向转移财产的个人征收遗产税、赠与税、财产转移税等，另一方面给贫困户以补助、津贴，以促进收入分配的协调。在经济学书籍中，把纳税以后的个人收入称做个人可支配收入，个人可支配收入或用于消费支出，或用于储蓄。

那么，在第一次分配和第二次分配之后，是不是还存在着第三次分配？如果存在的话，第三次分配是什么性质的？关于收入的第三次分配，我曾在所著的《股份制与现代市场经济》一书中作了初步探讨，我写道："在两次收入分配之外，还存在着第三次分配——基于道德信念而进行的收入分配。"[1] 这表明，第一次分配是市场调节的效应，第二次分配是政府调节的效应，第三次分配则是习惯与道德调节的效应。

第三次分配是个人的一种收入转移。"在道德力量作用之下，个人收入转移与个人自愿缴纳、捐献的范围是较广泛的。比如说，个人自愿为家乡建设捐赠，为残疾人福利组织捐赠，向灾区人民捐赠，向各种文化、体育、教育、卫生、宗教团体捐赠等等，都是非强制性的，这些行为与道德力量的作用有关"。[2] 换言之，"第三次

---

[1] 厉以宁：《股份制与现代市场经济》，江苏人民出版社 1994 年版，第 77 页。
[2] 同上书，第 78 页。

分配，即在道德力量作用之下的收入分配，与个人的信念、社会责任心或对某种事业的感情有关，基本上不涉及政府的调节行为，也与政府的强制无关。这就是说，这是在政府调节之后，个人自愿把一部分收入转让出去的行为"。[①]

这里所谈到的出于个人的信念、社会责任心以及个人对某种事业（如教育事业、艺术事业、慈善事业、宗教事业等）的感情而进行的收入分配，实际上就是出于道德激励的行为。捐赠财物的人并未受到任何来自外界的压力。他如果不捐赠，既不违法，也不违背某个团体（假定他参加该团体）的规定。那么，他为什么会自觉自愿地捐赠呢？是道德的自我激励使他这样做的，因为他把这种捐赠看成是自己的社会责任，是一种为社会作出奉献的行为。还有一些人，可能是出于宗教的热忱，或出于人道主义的思考，或出于爱心而这样做的，这同样以道德自我激励为基础，因为他们可能把这种捐赠看成是个人在道德上追求完美的行为。

在道德的激励之下，不少人可能不断地创业，增加收入，积累财富，而在收入增长和财富增长后，又一再捐赠。个人财产的增加和个人捐赠的增加，相伴而行。个人财产的增加会促使个人捐赠的增加，而个人捐赠行为又会推动个人继续致力于敬业创业，积累财富。在历史上和现实生活中不乏这样的例子。正如我在《股份制与现代市场经济》中所指出的："社会上有这种信念、社会责任心或对某种事情有感情的人越多，个人自愿缴纳或捐献的数额就越多，道德力量对缩小社会上收入分配差距的作用也就越大。在现阶段，社会上可能只有少数人自愿转移出一部分收入，从而对缩小收入差距

---

① 厉以宁：《股份制与现代市场经济》，江苏人民出版社 1994 年版，第 79 页。

的影响很小，但从长期来看，道德力量对于缩小收入分配差距的作用是会逐渐地（尽管是缓慢地）增大的。"[1]

二、关于第三次分配的几点说明

在说明了第三次分配的定义之后，还需要再对第三次分配作一些解释。

第一，假定社会上不存在第一次分配和第二次分配，社会的分配是怎样进行的？

这就是我们在前面已经讨论过的习惯与道德调节"填补真空"的问题。比如说，在市场和政府出现以前的漫长岁月里，人类社会最早的生活资料分配是按习惯与道德准则进行的，否则老人和小孩就无以为生了。部落形成以后，很长时间内部落内部的分配，包括生产资料的分配和生活资料的分配，也由习惯与道德力量来调节。这时既没有市场对分配的调节，也没有政府主持下的第二次分配。以后，尽管市场和政府相继出现了，但在偏远的山村，或在社会大动乱的年代，在市场对收入分配的调节和政府对收入分配的调节都难以生效的场合，又是习惯与道德调节在分配中发挥作用，使社会经济照常运行。

历史十分清楚地告诉我们，在人类社会中，按习惯与道德调节方式进行的分配确实存在着，并起着应有的作用。只不过在市场和政府都对收入分配进行调节的情况下，习惯与道德调节下的分配才是名副其实的第三次分配；而在市场调节与政府调节都不起作用的

---

[1] 厉以宁:《股份制与现代市场经济》，江苏人民出版社 1994 年版，第 79 页。

场合，习惯与道德调节下的分配便成了唯一的分配方式。

第二，在市场形式和政府出现之后，在分配领域内，第三次分配是起着补充作用的分配。第三次分配对社会的收入分配的影响程度，取决于被用于第三次分配的收入数额的多少，而被用于第三次分配的收入数额的多少，既取决于总收入的多少和收入总额中扣除政府征收的税额之后剩余的多少，也取决于道德力量对人们的行为有多大的影响。

假定我们只承认有市场进行的第一次分配和政府主持下的第二次分配，而忽视市场调节与政府调节之外的第三次分配，实际上就是把社会经济活动过于简单化，不承认人作为经济活动主体的目标的多元性，不承认人们的道德自我激励对收入分配的影响。虽然在社会中不存在第三次分配时，经济仍可以照常运行，因为有了第一次分配和第二次分配，经济运行已趋于正常。但由于有了第三次分配，一方面，社会的收入分配可以由不协调走向协调，社会的经济运行可以更为顺畅，另一方面，在道德力量的影响之下，社会文化领域、公共服务领域以及其他领域内的一些事业可以在第三次分配调节之下较快地发展起来。

第三，第三次分配在一个小群体内部是经常存在并起作用的。群体越小，成员的第三次分配越有普遍性；群体越大，成员的第三次分配越有特殊性。

家庭是最小的群体。家庭成员中，各人赚取收入的能力大小不一，收入多少不一。家庭成员之间的相互帮助表现之一就是收入的转移。这种收入转移与市场调节、政府调节都无关，它纯粹是习惯与道德调节的结果。

家族是比家庭稍大的一个群体，但也属于小群体之列。在市场经济条件下，生活在城市中的同一家庭的成员，尽管在家族内部仍然存在自愿的收入转移现象，但这已经不很普遍了；而在农村中，家族内部的成员间收入转移仍是比较常见的，尤其是在天灾发生之际，以及在嫁娶、丧葬、添儿添女时，家族成员的相互帮助的表现之一仍然经常在于收入转移。

如果群体很大，例如一个城市、一个省区，甚至全社会，成员人数众多，在这种情况下，一个群体的成员之间的收入转移就不可能是普遍性的或经常发生的，但有些成员仍会自愿地捐出一部分收入去帮助其他成员，这同样是习惯或道德力量起作用的结果。

总的说来，群体的成员如果捐赠自己的部分收入的话，那么或者是直接捐赠给某些素不相识的群体成员，或者是通过中介组织（如公益机构、慈善机构等）进行的，即先捐赠给中介组织，再由后者捐赠给其他成员，或由后者举办公益事业等。因此，群体越大，人们在习惯与道德调节之下的收入转移也就越难能可贵，这种捐赠越能显示道德力量的作用。

第四，我们可以把习惯与道德调节下的收入分配分为两类。一类是在市场调节所进行的第一次分配和政府调节所进行的第二次分配之后，当个人收入已经成为个人可支配收入时，个人出于某种信念、社会责任感、爱心或对某种事业的感情而自愿作出的捐赠。这种自愿的捐赠之所以被称为第三次分配，因为这是第一次分配和第二次分配之后对个人收入的再一次分配。它是个人的道德自我激励的表现。另一类则是在不存在市场调节与政府调节的情况下，或者是在市场调节与政府调节都不起作用的情况下的一种分配方式，这时要依靠习惯与道德调节进行分配。它之所以被称做第三次分配，因为它也是习惯与道德力量起作用的结果。

但是，这两类习惯与道德调节下的收入分配是有区别的。区别主要在于自愿程度的不同。在前一类习惯与道德调节之下，个人完全出于自愿而捐出自己的收入。没有人强迫他必须这么做，但他却这么做了。而在后一类习惯与道德调节之下，由于没有市场对收入分配的调节，也没有政府对收入分配的调节，而是依靠某种习惯以及在此种习惯基础上形成的群体内部规则来进行分配的，因此，群体的成员对群体的认同程度，对某种习惯以及在此种习惯基础上形成的群体内部分配规则的认同程度，对分配的后果的认同程度等等，都会影响到习惯与道德调节下的分配的自愿程度。如果某个成员在上述各方面的认同程度较高，他会遵从群体的分配规则，他对这种分配的自愿程度就比较高；反之，如果某个成员在上述各方面的认同程度较差，虽然他仍会服从群体的规则，遵守习惯，但他的自愿程度却是比较低的。他在群体内部的收入分配方面的分歧意见，不管是不是公开显露出来，他同群体的关系都会因此而疏远。这样，就会逐渐影响他本人同其他成员之间的关系。假定一个群体中有比较多的人对群体内部按习惯进行的收入分配的认同程度降低了，他们的异议增大了，他们同群体的关系疏远了，群体的危机就会产生。

如果出现了这种情况，不可避免地会导致以下的结果：或者群体吸收有异议的成员们的意见，对习惯所形成的分配方法作某种调整，以换取他们对群体的认同程度的增加；或者群体中的裂痕扩大，引起群体瓦解或名存实亡。历史上和现实生活中都可以找到一些例子。

第五，在市场调节与政府调节之后通过习惯与道德调节而进行的收入分配，虽然是一种自愿的、非强制性的收入转移，但并不是同市场与政府完全没有关系的。比如说，如果政府制定了遗产税的征收办法，并且规定向公益事业、慈善事业的捐赠可以从遗产中扣除，免于缴纳遗产税，这将会鼓励人们在生前向公益事业、慈善事业捐赠，或立下遗嘱，把收入的一部分或全部捐赠给公益事业、慈善事业。这种捐赠行为仍然属于自愿的、非强制性的行为，同捐赠人的道德自我激励直接有关，但不能否认的是，遗产税征收办法起了推动、促进的作用。又如，在市场调节之下，生产要素供给者所提供的生产要素数量和质量与经济效益有关，从而与收入有关。假定某一个投资者在一个经济较不发达的县或乡镇办了一家企业，同时他又捐款在那里办了一所学校或一家医院。前一种投资是市场行为，出于市场的考虑；后一种投资（捐赠）是公益行为，出于道德方面的考虑。但两种投资可能有某种联系，这就是：（1）办了学校，将会提高当地的文化教育水平，提高劳动力素质，对企业的发展有利；办了医院，将会改善当地的医疗卫生条件，使劳动者的体质增强，减少疾病率，提高出勤率，从而也有利于企业的发展。（2）有了学校和医院，企业职工队伍稳定了，企业对人才的吸引力增加了，从较长时期考察，这也是对企业发展有利的。（3）同一个投资者，在兴办企业的同时又在当地办了学校和医院，将增加当地人民对该企业的好感，公共关系的改善对企业的发展同样是有利的。尽管如此，仍应当注意到，捐款办学校、办医院，是习惯与道德调节的结果，是第三次分配的内容，它不是市场行为。没有人命令投资者这样做，他的捐赠是自愿的。

第二节　第三次分配在社会协调发展中的作用

一、第一次分配与第二次分配后留下的空白

在市场经济条件下，关于政府主持的第二次分配在社会协调发

展中的作用，已经得到学术界的重视，并对之进行了研究。至于习惯与道德调节下的第三次分配在社会协调发展中的作用问题，直到现在还没有被学术界注意到，研究工作就更谈不上了。这不能不说是收入分配领域内研究的不足。

在第一次分配中，按经济效益进行分配是基本原则。按经济效益进行分配，将促使生产要素供给者更加注意自己所提供的生产要素的质量，以及自己的产品被市场需要的程度，从而就会根据市场的需要来调整供给。与此同时，各种生产要素的需求者在按经济效益分配的原则的指引下，也会更加注意生产要素的使用状况，提高生产要素的利用率，减少对生产要素的不合理使用或闲置。其结果必然是国民收入总量的增长，而国民收入的增长又是促进社会协调发展的必不可少的条件。因此，按经济效益分配、国民收入增长、社会协调发展三者是一致的。但根据最近 20 年来我国经济改革和发展所提供的经验，研究者感觉到，即使在第一次分配中也应当注意到公平问题。这是因为，在经济体制转型过程中，各个生产要素拥有者和持有者原先的地位是有差异的，他们并未处于机会平等的出发点，所以在第一次分配中往往有些人拥有优势，而另一些人（尤其是人数较多的农民）处于弱势，彼此在第一次分配中所得的收入存在较大的差距，日积月累，彼此的收入差距会不断增大。这样一来，政府就有必要在第一次分配中关注公平，使劳动收入在第一次分配中的比重不仅不能继续下降，而且要有适当扩大。

在第二次分配中，政府遵循的是效率与公平兼顾的原则。如果只顾效率而不顾公平，收入分配差距将扩大，社会的协调发展难以实现。如果只顾公平而不顾效率，那么国民收入的增长将受到阻碍，这也不利于社会的协调发展。所以第二次分配中政府对效率与公平的兼顾将促进社会发展的协调。

　　然而，无论是第一次分配还是第二次分配，在实现社会协调发展方面都会受到一定的限制。这主要是因为，市场经济中按经济效益分配原则本身有局限性。由于人不是单纯的"经济人"，而是"社会的人"，非物质利益因素在人均收入提高后起着越来越重要的作用，人的价值观念也将在人均收入提高过程中发生变化，按经济效益分配对国民收入增长的积极作用可能是递减的。再说说第二次分配的情况。通过政府主持下的第二次分配，即通过税收调节措施和扶贫措施的实行，社会的协调发展状况会比第二次分配前有所改善，然而效率与公平兼顾的原则往往是很难掌握的。在政府的调节措施比较有效时，效率与公平两者都可能被注意到，但有时偏重于效率一端，公平的实现就不尽理想，有时又偏重于公平一端，效率的提高也不尽理想。如果政府的调节不得力，或者政府的调节措施有严重偏差，其结果将是既无效率又不公平。造成这种情况的主要原因有两个：一是制度设计、政策设计时考虑欠妥，以致不能兼顾效率和公平，或者偏重于这一侧，或者偏重于另一侧，甚至形成既无效率又缺少公平的结果；二是在执行过程中，缺少监督机制，以致制度变型或政策走样。假定出现了这两种情况，有必要双管齐下，既纠正制度设计、政策设计中的不完善之处，又强化执行过程中的监督的机制，提高政府有关部门和工作人员的素质。

　　以上的分析还表明，在第一次分配和第二次分配之后，社会协调发展方面依旧会留下一个空白。只不过在第一次分配和第二次分配得当时，留下的空白较小；而在第一次分配，特别是第二次分配不当时，留下的空白较大。不管留下的空白较大还是较小，都意味着在社会协调发展方面还有一些工作需要去做。

因此，从收入分配的角度来看，第三次分配的重要性就突出了。由于第三次分配是人们出于自觉自愿的一种捐赠，因此它的影响是广泛的，它所发挥作用的领域是市场调节与政府调节无法比拟的，或者说，是市场调节与政府调节力所不及的。不仅如此，由于第三次分配是习惯与道德力量起作用的结果，它是有情的收入转移，而不像市场调节那样是一种无情的收入转移；它是非功利性、非强制性的收入转移，而不像政府调节之下的收入转移往往带有某种功利性或强制性。正因为如此，在社会协调发展过程中，由第三次分配来填补空白，效果更为显著。

二、对社会协调发展的不同解释和第三次分配的作用

当我们谈到收入分配（包括第一次、第二次和第三次分配）对社会协调发展的作用时，还应当事先明确一下，即社会协调发展的含义究竟是什么？它包括哪些内容？我在所著的《转型发展理论》一书中，曾提及对社会协调发展的三种不同的解释：[①]

第一种解释是：社会协调发展是指收入分配的协调，即社会上各个地区之间、各个家庭之间的收入差距应该适当而不宜过大。

第二种解释是：社会协调发展是指社会上各个部门能协调发展，比如说，除了各个经济部门得到一定发展而外，文化、教育、卫生、环保、福利、公共服务等部门也能相应地发展，从而可以满足社会成员的多方面的需要。

第三种解释是：社会协调发展是指生活质量的提高，只有在生

---

① 参阅厉以宁：《转型发展理论》，同心出版社 1996 年版，第 186—187 页。

活质量上符合现代社会的要求，才能称做社会的协调发展。

这三种解释都是有根据的，它们从不同的角度反映了社会协调发展的内容。第三次分配对社会协调发展的促进作用，可以根据这三种不同的解释来加以论述。在论述之前，需要指出的是：当我们讨论社会协调发展时，不管对社会协调发展有什么样的解释，社会协调发展都不可能在计划经济体制下实现。计划经济体制采取掩盖矛盾的做法，表面上似乎社会发展中没有出现什么大问题，实际上却使社会发展的不协调程度日益加剧，以至于矛盾越积越多，不协调状况越来越严重，最后终将爆发成一场社会危机。比如说，计划经济体制之下，农民被关闭在很狭小的区域内，从事劳动，获得微薄的收入，农民的流动受到极大限制，这是与社会协调发展背道而驰的。又如，在计划经济体制下，不仅人们不可能根据自己的专长来选择职业，专长得不到发挥，人不能尽其才，而且由于经济不发达，就业岗位有限，各个单位人浮于事，不少人处于隐蔽性失业状态，这也就谈不上社会发展的协调。再如，在计划经济体制下，生产力发展受到限制，短缺现象严重，市场十分狭小，而且仅限于一些消费品，凭票证供应消费品的做法又极不合理，例如把农民排除在凭票证供应之外等，这些都只能说明社会不协调问题的严重性，根本不能把凭票证供应与短缺看成是社会协调发展的标志。总之，要实现社会的协调发展，必须抛弃计划经济体制，这是社会得以协调发展的前提。

下面，可以按照上述对社会协调发展的三种不同的解释来说明第三次分配在促进社会协调发展中的作用。

（一）第三次分配与社会收入分配的协调

上述第一种解释是：社会协调发展是指收入分配的协调。

前面已经指出，在市场调节之下，各种生产要素供给者根据市场的需要向社会提供一定数量和质量的生产要素，收入分配是按经济效益分配的，人们之间的收入差距必定存在，而且会长期存在。

不仅如此，人们之间的收入差距在按经济效益分配的条件下还有扩大的可能性。这是因为，从动态上看，前期的收入状况将影响后期的收入分配。假定社会上有两组不同的市场参与者，姑且不谈他们的天赋差别，专就他们的家庭背景和居住地区而论，一组市场参与者的家庭背景优于另一组市场参与者，其居住地区的条件也优于另一组市场参与者，于是前者在市场竞争中处于优势，收入较多；后者在市场竞争中处于劣势，收入较少。可以把这看成是第一轮市场竞争的结果。接着，第二轮市场竞争又开始了。在市场上，已经处于优势地位的，将继续处于优势，处于劣势地位的则继续处于劣势，如此一轮一轮发展下去，两组市场参与者的收入差距会更大，这反映了市场调节下按经济效益分配原则进行的收入分配的局限性或缺陷。

至于政府主持下的第二次分配的局限性，前面也已经指出，无论政府的收入调节措施是否得当，总会产生以下四种情况中的一种，这四种情况是：（1）既有效率又实现公平；（2）虽有效率但公平程度较差；（3）虽实现公平但效率低下；（4）既无效率又不公平。如果政府调节之后出现了上述第一种情况，当然是最好的结果，但这是很难做到的。其他三种情况之下，都在收入分配方面留下空白，有待于第三次分配去填补，即社会上一些人通过自愿的捐赠将有助于收入分配差距的缩小，从而促进社会发展的协调，同时，通过道德力量的作用，社会的凝聚力有可能增强，人际关系中的摩擦有可能缓解，效率也可以提高。即使在上述第一种情况下，也并非不再需要第三次分配了，因为效率的增长总还有潜力，公平的实现在很大程度上要依赖于人们对公平的认同，所以第三次分配仍能起到协调社会发展的作用。

对那些自愿把可支配收入的一部分用于帮助低收入家庭的行为或用于资助公益事业的行为，不应当、也不需要去探寻捐赠者的动机是什么。如果追问动机，问题将复杂化。不能否认人与人之间的差别，不同的人会有不同的考虑，同一个人在不同的捐赠场合也会有不同的想法。不少人是出于一种理想、一种信念、一种责任感；也有些人可能出于同情心；还有些人可能出于一种自我实现感，即认为自己已经取得了成就，于是把捐赠行为看成是个人事业有成就的表示，或看成是个人事业的另一种形式；另有一些人可能出于某种精神上的寄托，通过捐赠而得到安慰，或者过去曾经许过愿：如果能够渡过某场灾难，将来一定要捐赠若干财产，于是捐赠行为便以还愿的方式出现；也不排除社会上个别人可能出于某种求解脱的心理，即认为自己本来不应该有这些收入或财产的，对此总抱有某种愧意，捐赠以后心理上会平衡些。总之，各种各样的人都有可能自愿捐赠，多少不拘，动机不一，动机是说不清楚的，何必去探寻呢？只要从客观效果上看，自愿捐赠的行为有助于收入分配差距的缩小，有助于社会协调发展，就行了。

（二）第三次分配与各部门的协调发展

接着，就前面提到的对社会协调发展的第二种解释作一些讨论。第二种解释是：社会协调发展是指经济、文化、教育、卫生、环保、福利、公共服务等部门的协调发展。

在市场调节之下，文化、教育、卫生等部门虽然社会效益很高，但经济效益却很少，因此常常苦于投入不足而难以正常地发展。这是市场调节在部门协调发展方面的局限性的反映。在政府调节之下，如果政府的经费充裕，调节措施又得力，那么部门结构不协调的状况可以改善；反之，如果政府的经费短缺，调节措施也不得力，那么部门结构不协调的状况不但得不到改善，甚至有可能恶化。

这样，市场调节与政府调节之后，在部门的协调发展方面也会留下一个空白，这个空白同样要依靠第三次分配来弥补。社会上，有些人出于理想、信念、社会责任感，或出于对文化、教育、卫生、环保、福利、公共服务等事业的热忱和感情，自愿地为这些事业的发展而捐赠。社会上也有可能建立各种基金会之类的团体，从事这些事业的发展，它们将接受人们的捐赠，为发展这些事业而出力，结果必将有助于社会的协调发展。

第三次分配对各部门协调发展的影响可以分为直接影响和间接影响。直接影响是指：当一些人把自己的一部分收入或财产直接捐赠给文化、教育、卫生、环保等部门，或捐赠给发展这些事业的基金会之类的团体后，这些部门由于得到了追加的投入而能较快地发展，从而促进了各部门发展的协调。间接影响则是指：当一些人把自己的一部分收入或财产用来帮助贫困地区发展经济时，或用来帮助贫困地区的人们脱贫时，虽然这些收入或财产并未直接投入文化、教育、卫生、环保等部门，但由于贫困地区的经济发展了，贫困地区的人均收入提高了，这样也就会促进当地的文化、教育、卫生、环保等事业的发展，从而也有助于各部门发展的协调。

（三）第三次分配与社会生活质量的提高

关于社会协调发展的第三种解释是：社会协调发展是指社会生活质量的提高。生活质量大体上包括如下内容：人们能够在多大程度上满足基本生活需要？能够在多大程度上改善自己的居住条件？能够得到多少社会提供的教育、医疗、文化娱乐的服务？能够有多少供自己支配的闲暇？能够在什么样的环境中工作和生活？生活质量的内容当然还不止这样几项，还可以列举一些。生活质量水平的上升表明社会发展不断趋向协调。

由于生活质量的提高既取决于经济增长，也取决于社会可用于改善生活质量的投入的多少，所以市场调节与政府调节在促进生活质量提高方面的作用仍是明显的。在市场调节下，经济增长将持续，这就为生活质量的提高创造了条件；在政府调节下，政府除了能维持经济的持续增长而外，还能调整用于改善社会生活质量的投入量，从而有助于生活质量的提高，促进社会的协调发展。

应当指出，市场调节与政府调节在促使生活质量提高方面至少存在着以下三个局限性：一是靠市场和政府所提供的改善生活质量的投入毕竟是有限的，提高社会的生活质量往往需要有来自民间的追加投入。二是社会生活质量还包括了诸如社会风尚良好，社会上人际关系融洽，社会对老弱病残者的进一步关心和照顾等内容，而这些并非仅仅依靠市场或政府就能解决。三是社会生活质量也包括了人们合理支配闲暇、人们对消费方式的观念的转变等内容，这些也不是市场或政府所能解决的问题。由此看来，在市场调节与政府调节之后，在不断提高社会生活质量方面同样留下了空白，第三次分配以及发挥道德力量的调节作用将有助于填补这方面的空白。

假定在第一次分配和第二次分配之后还存在着第三次分配，社会成员的自愿捐赠的一部分将被用于发展与生活质量有关的部门，如文化、教育、卫生、环保、福利、公共服务等部门，这些部门有了追加的投入，将加快发展。此外，通过第三次分配，通过道德力量的作用的发挥，社会风尚的好转和社会对老弱病残者的进一步关心和照顾都将比第三次分配之前有所进展，这样，社会的协调发展也会更加顺利一些。至于人们如何合理地支配闲暇，以及人们如何正确对待消费行为和评价消费方式，尽管与第三次分配之间没有直接的联系，但可以认为，当社会上有越来越多的人更关心社会的生活质量，并且自愿地投身于社会生活质量的提高时，当他们不仅用自己的时间和精力，而且也用个人可支配收入的一部分致力于社会生活质量的提高时，人们实际上也就会合理地支配闲暇并使自己的消费行为理性化。这同样是有助于社会的协调发展的。

第三节　第三次分配与代际关系

一、"生活中的希望"与第三次分配

对一个家族，特别是家庭来说，个人可支配收入的转移不可避免地涉及代际关系。这是因为，在个人自愿把一部分收入或财产捐赠出去之后，个人留给子女、晚辈亲属的财产就减少了，于是在习惯与道德力量之间可能发生冲突。冲突是这样形成的：个人把财产留给子女或晚辈亲属是一种传统，出于约定的或认同的习惯，其中也包括了道德上的考虑；而个人出于理想、信念、社会责任感等而把财产捐赠给家庭、家庭范围以外的社会成员，或捐赠给社会上的某个公益机构、慈善机构，则是在道德力量影响之下作出的决策，其中虽然在某种程度上同习惯有关，但主要不是出于习惯。

为了进一步说明这个问题，让我们先从"生活中的希望"谈起。

社会成员总希望生活渐渐好起来，总希望子女的生活能过得比自己这一代好一些。这就是"生活中的希望"。经济发展的动力，从整个社会来说，也来自"生活中的希望"。对生活已经感到绝望的人，或者自认为无论怎样努力也不能改善生活的人，是不会有动力的。所以从另一个角度来看，对生活寄予希望，对下一代会过上较好的生活的希望，实际上意味着对生活的不满足。不满足，就会有动力；不满足，就会设法使"生活中的希望"得到实现。个人是这样，家庭、家族是这样，社会也是这样。不感到满足的社会，就是不会缺乏前进的动力的社会。

在社会上，一个家庭或家族通常会用生活水平比自己高一个档次的标准来督促自己，以便及早达到这个档次的生活水平；在达到了这个档次生活水平后，接着又会用比这个档次更高一个档次的标准来督促自己，"生活中的希望"往往就是这样一步一步实现的。为什么一个家庭或家族通常所要争取达到的是高一个档次的生活水平呢？主要是因为，这是近期内通过努力就可以达到的。比自己生活水平低的那个档次，没有人认为这是争取实现的目标；比自己生活水平高很多的那个档次，看来近期内不容易达到。因此，一个家庭或家族通常先同比自己高一个档次的生活水平相比。

现有的生活水平对一个家庭或家族来说，既起着阻止从现有生活水平下降的作用，又起着推动家庭或家族成员去努力争取达到较高的生活水平的作用。一个家庭或家族在生活上的追求，在通常情况下，就是指这种实现较高生活水平的追求。"生活中的希望"不仅包含了这种追求，而且包含了下一代人，甚至本代人就能够使这种追求变为现实的希望。

　　然而，在一个家庭或家族的大多数成员看来，家庭或家族有着双重作用。一方面，他们希望家庭或家族将帮助自己实现生活的改善，至少不要成为自己实现生活改善的障碍，另一方面，他们又把家庭或家族当做一种保险机构，在处境不利时可以依赖家庭或家族的接济，尤其是能够得到家庭或家族中某些成员的具体的资助，直到最后——在万不得已时，把家庭或家族当做落难时的庇护所。社会舆论往往是同情弱者的。假定一个家庭或家族的成员在落难时希望得到接济或庇护的请求被家庭或家族所拒绝而又没有正当的拒绝理由，家庭或家族就会受到舆论的谴责。这种情况在东方文化背景之下尤其普遍。

　　在家庭或家族中，尽管上一代有一种希望下一代生活得更好的愿望，但家庭或家族对下一代成员的看法却会逐渐发生变化，也就是说，随着经济和社会的发展，父母对子女的评价处于不断变化之中。比如说，在市场激烈竞争的西方社会，父母会发现生儿育女是改善家庭生活的一种障碍，用于子女的支出是家庭财政的一个沉重包袱，而且还认为子女将来对家庭的贡献是无所谓的，父母也不指望子女将来对家庭承担什么义务。在东方文化背景之下，这种变化可能缓慢得多，但仍能看到有相同或近似的变化趋势。

　　家长希望子女的生活过得比自己这一代好一些，同家长想从子女那里得到物质上的回报或家长希望子女为家庭作出贡献是两回事，不可混为一谈。子女在家庭生活水平不断提高的条件下，越来越成为一种安慰，子女甚至被当做家庭的一种珍藏物。生儿育女被渐渐看成是目的本身，父母并不在子女身上寄予得到回报的愿望，家庭只希望下一代有尽可能大的发展机会。这种思想情绪对家庭的支出格局是有一定影响的。影响之一在于：为了使下一代有更大的发展机会，家长为子女受教育的支出可能较多，从而使教育支出在家庭收入中所占比例有上升的趋势。影响之二在于：由于家长不指望靠子女来赡养自己，也不打算从子女那里得到回报，所以家长可能为自己多准备一些养老的费用，个人储蓄中的较大部分是留做养老的，这也会影响家庭支出格局。影响之三在于：至于父母会留下多少财产给子女，父母不一定考虑得很多。如果父母去世时子女还未成年，可能会留下足以供养子女升学和成家立业的费用；如果子女已经成年，并且自立，父母不需要把所有的财产都留给子女。上述这些影响的存在，是可以理解的。

由此可以看到家庭对子女评价的变化所给予第三次分配的影响。第三次分配既然是指个人可支配收入的自愿转移，包括对公益事业、慈善事业的捐赠，以及出于个人对某种事业的感情而作出的捐赠，那么上述有关家庭支出格局的三个方面的影响也将是对第三次分配的影响。具体地说，对第三次分配的影响可以分为高收入家庭和一般收入家庭来分别讨论：

（1）教育支出在家庭收入中所占比例有上升的趋势。

对一般收入的家庭而言，个人可支配收入中因用于教育的支出的增加会使得财产的积余有所减少，也就是会减少可供第三次分配的财产数额。对高收入的家庭而言，则有可能增加个人对教育事业的捐赠。

（2）个人储蓄中有较大部分是为本人留作养老的需要。

对一般收入的家庭而言，个人可支配收入中，因用于养老的部分的增加而会减少可供第三次分配的财产数额。对高收入的家庭而言，则有可能增加个人对老年福利设施的捐赠。

（3）除了为未成年的子女留下足以供养子女升学和成家立业的

费用而外，父母不一定会给子女留下很多财产。

对一般收入的家庭而言，这种考虑对第三次分配的影响不明显。对高收入的家庭而言，则有可能增加个人对社会各种公益、慈善事业的捐赠。

总之，家庭对子女的评价的变化将在不同方面对高收入家庭的第三次分配发生较大影响。这与多数家庭（包括高收入家庭）使"生活中的希望"得以实现的愿望是不矛盾的。前面已经指出，家长希望子女的生活过得比自己这一代好一些，同家长想从子女那里得到物质上的回报或家长希望子女为家庭作出贡献是两回事；现在可以再补充一句：家长希望子女的生活过得比自己这一代好一些，同第三次分配（主要指高收入家庭的第三次分配）随着经济与社会的发展而增长的趋势也不是一回事。

二、第三次分配与家庭内部的矛盾

家长对子女的评价的变化会影响家长对第三次分配的态度（主要对高收入家庭而言），已如上述。但应当认识到，家长对第三次分配的态度不等于子女对第三次分配的态度。家庭内部的矛盾，或家庭的代际矛盾，可能因此而产生。为了说明这一点，我们仍有必要以"生活中的希望"的实现问题作为讨论的出发点。

要知道，尽管家庭对下一代的看法会发生变化，尽管子女已经不再像过去那样被赋予为家庭的未来增加收益的使命，但这并不使得"生活中的希望"不再成为家庭发展的动力。不同家庭之间在生活水平方面的差距越大，意味着不少家庭在同高一个档次的家庭比较时的不满足感越明显，于是家庭为提高生活水平的动力也越大。如果说在这方面会存在阻力的话，那么主要的阻力来自家庭自身在观念上的受束缚。比如说，某些人如果认为"生活中的希望"并不在于家庭收入的增加和生活水平的上升，或乐于过清贫的生活，或崇奉禁欲主义，或认为争取提高家庭收入的努力是白费心机，不如乐天知命等，这样，他们也就不会致力于提高家庭收入和改善生活状况了。

阻碍着某些家庭增加收入这一愿望实现的心理因素还表现为一种怕冒风险、怕得不偿失、怕出人头地、怕竞争的思想。在体制上容许人们通过努力而致富的条件下，家庭增加收入的障碍除了缺乏赚取更多收入的技能而外，还有可能在于缺乏进取精神，缺乏竞争意识，缺乏自信心，缺乏依靠个人努力来改变现状的决心和毅力。这就是一种惰性。这种惰性的存在，对任何一个家庭来说，都是发展中的消极因素。

以上所说的这一切，都关系到不同家庭的下一代对父母留下的财产的态度。问题不在于已成年的子女自身拥有的财产的多少，而在于他们身上保留了多少依赖思想、安于现状的思想、害怕冒风险和害怕竞争的思想。假定他们对家庭的依赖思想较少，或者具有较强的进取精神、竞争意识和风险意识，那么，即使他们自身拥有的财产较少，或收入较少，他们不会计较家长出于道德信念的捐赠行为，也不会计较家长为下一代留下财产的多少。反之，假定他们对家庭的依赖思想较重，既缺乏进取精神，又缺乏竞争意识和风险意识，那么，即使他们自身拥有的财产较多，或收入较多，也会计较家长出于道德信念的捐赠行为，计较家长究竟留下了多少财产给后人。习惯同道德之间的冲突就会明朗化。换言之，第三次分配在上述后一种情况下所受到的来自家庭内部的阻力会远远大于前一种情况下所受到的来自家庭内部的阻力。

凡勃仑曾经指出：所谓生活水平，本质上是一种习惯，它是对某些刺激发生反应时一种习以为常的标准和方式。从一个已经习以为常的水平退却时的困难，就是打破一个已经形成的习惯时的困难。由于已有的生活水平已经同本人的生活方式合而为一了，因此一个人会认为执行这个消费水平是对的。由于已有的生活水平已经被周围的人所承认，所以一个人也会认为不遵守这个水平是要受到轻视、排斥的。①凡勃仑的这一论述，对于有关第三次分配与代际关系的探讨具有启发性。在家庭的下一代成员看来，既然已有的生活水平已经成为一种习惯，要遵守这种习惯并以此得到周围的人的尊重，那么要从已有的生活水平上后退是不可能的。所以当家长的自愿捐赠会影响子女的已有生活水平时，对大多数家庭来说，代际关系的紧张和来自家庭内部的阻力的增大就完全可以理解了。这也许是第三次分配的一种内在制约机制。

在讨论家庭代际关系同第三次分配之间的关系时，还有一个问题值得提出，这就是：下一代人将在较大程度上摆脱传统观念的影响，从而对家庭的财产和个人的前途的看法也可能有较大的变化。一个地区、一个国家受市场经济的影响越大，在现代化道路上迈出的步子越大，市场化程度与现代化程度越高，一般说来，后代人在家庭观念上的转变也就越大。可以相信，必将有越来越多的下一代人懂得，生活的富裕主要靠自身的努力而不能依靠上一代人的遗产；上一代人主要为下一代人的发展提供适当的条件和机会，但下一代人必须通过自身的努力才能使自己的生活日益好起来。自己不努力，上一代人提供的条件再好，机会再多，生活水平的提高依然

---

① 参阅凡勃仑：《有闲阶级论》，蔡受百译，商务印书馆1981年版，第82页。

无望。上一代人对公益事业、慈善事业等的热忱和捐赠，他们的社会责任感和信念，都将为下一代人作出良好的榜样，对下一代人起到示范作用。

家庭内部的代际冲突，在第三次分配或留下多少遗产等问题的研究中虽然不可被否认，但总的趋势仍然是：随着下一代人的观念的逐渐转变，代际冲突也会缓和下来。正如我在《经济学的伦理问题》一书中说过的："无论对于本代人还是对后代人，都应当树立这样的社会风气：多为他人着想，多为下一代着想。社会上总有一些人贪图享乐，尽情消费资源。但社会不可能主要由这些人构成。社会上大多数人是勤奋工作的。社会的发展依赖着大多数社会成员的努力。即使后代人当中有一些人成了专门享乐的人，那也只是少数而已。"[1]

第四节　第三次分配的趋势

一、关于人们对生活质量的认识

第三次分配的趋势如何？上一节的结尾部分已经提到了这个问题。现在让我们结合人们对生活质量的认识进行较深入的探讨。

在任何社会中，生产本身都不是目的，因为人不是单纯作为劳动力而生活在世上的。人不是为了生产，生产是为了人。生产的目

---

[1]　厉以宁：《经济学的伦理问题》，生活·读书·新知三联书店1995年版，第216页。

的是使人们的生活不断得到改善，使人们得到关心和培养。如果只顾生产出越来越多的产品，而人们的生活水平没有提高，人们的文化教育水平没有提高，这就不符合生产的目的。根据这个朴素的道理可以了解到，对社会的每一个成员来说，重要的不是社会的产值增长了多少，而是如何使社会产值的增长被用来改善人民的生活，使人民能够过富裕的生活，有较高的文化教育水平，使人民得到社会更多的关心和培养。

如果说生产的目的是让人们能够过上更好的生活，包括物质生活和文化生活，那么，人们对生活的质量又是怎么理解的呢？难道生活质量仅仅意味着吃穿不愁吗？假定生活质量高可以用"幸福"二字来表示，那么"幸福"又是对什么而言呢？

在传统观念中，"幸福"总是同收入多联系在一起的，似乎收入越多就越"幸福"。随着经济发展和收入水平普遍提高后，"幸福"便有了新的含义，生活质量也有了新的含义。实际上，物质产品越丰富，人们对文化生活的要求就越高，人们不仅要求有物质上的舒适，而且要有良好的环境，有健康的身体，有精神生活的享受。物质产品丰富以后，人们的时间观念也发生了变化。过去人们认为，财产最为重要；后来人们认为，物质产品丰富后，时间比金钱更可贵。货币可以储蓄，而时间是不能储蓄的。时间的更有价值的利用，会给人们带来更多的幸福。

这一切表明，人们对生活质量的认识将随着经济发展和收入水平的普遍提高而逐渐深化。这种认识的转变同第三次分配的趋势有关，即一方面，由于人们对于生活质量的认识的深化，将促使他们重视文化、教育、卫生、环保、福利、公共服务等部门的发展，并自愿地向这些部门捐赠，以便提高社会的生活质量；另一方面，随着人们收入水平的上升和可支配收入中用于自愿捐赠的部分所占比例的增长，人们对生活的意义也会有新的认识，人们将更加关心生活质量，关心社会，关心未来。

在讨论人们对生活的意义的认识时，一个重要的问题是如何让人们能在经济发展的过程中摆脱旧观念的影响，不断转变观念。这里所说的旧观念，主要是指以下两种历来影响人们的观念，一是"温饱即安，无所奢求"，二是"各人自扫门前雪，休管他人瓦上霜"。这两种旧观念不仅影响人们对生活意义的正确认识，而且对于第三次分配也有消极的影响。

在"温饱即安，无所奢求"的观念的影响下，社会上一些人，尤其是经济不发达地区的农民，由于缺乏进取精神和竞争意识，以及既缺乏技术又缺乏市场信息，常常会满足于已经达到的虽然温饱但仍然是低水平收入的生活，似乎生活目标就在于粗具温饱，得过且过。在这种旧观念的影响下，经济就会趋于停滞，收入也难以增长，结果，不仅谈不到对高生活质量的追求，而且可用于第三次分配的收入数额也必定是很少的。

在各人只顾自己的旧观念的影响之下，社会公益事业、慈善事业等的发展必然受到极大的限制，第三次分配的潜力也就无从发挥。不仅如此，社会经济发展的趋势是人与人之间交流、协作的增加，如果"各人自扫门前雪，休管他人瓦上霜"的观念滋长，经济的进一步发展也会受阻，这样，可用于第三次分配的收入数额是难以增长的。

因此，社会有必要针对这些情况，在经济发展过程中，让人们对生活的意义的认识不断深化，使得阻碍人们收入提高和对公益事业、慈善事业关心的旧观念逐渐消失。

二、从"重物轻人"到"以人为本"

要了解第三次分配的趋势，还应当从社会经济发展战略的角度进行分析。社会经济发展战略研究中的一个重要问题是：人与物相比，孰重孰轻？

物质产品丰富以后，社会经济发展的动力不完全是在物质上满足人们的需要，而且包括了在精神上满足人们的需要。对"精神上满足人们的需要"这一点，可以有不同的理解。

在一些人看来，自我服务就是一种精神上的享受。比如说，一个人有钱后，偏要自己动手做家务，从事体力的家务劳动，他认为这种自我服务是一种消遣，也是精神上的享受，可以满足自己"精神上的需要"。

在另一些人看来，增加文化、艺术、体育、旅游方面的消费支出是为了精神上的享受，他们会把这些看成是"精神上的需要"的一种满足。

还有一些人则认为，捐资赞助公益事业、慈善事业更加符合于自己的意向，也更加符合于"精神上的需要"的满足。

应当指出，自我服务、增加文化艺术等方面的消费支出、捐资赞助公益事业和慈善事业，三者是不矛盾的。在同一个人身上，可能三者并存。尽管捐资赞助公益事业、慈善事业的行为还只是一部分人的自愿行动，但它会随着物质产品的丰富与收入水平的上升而呈增长的趋势。

无论是看重自我服务、增加文化艺术等方面的消费支出，还是对公益事业、慈善事业的捐赠，都应当被看成是对"重物轻人"这一传统的抵制，因为上述三者之中的任何一项都意味着要把人的需要放在首位，把提高生活质量看做比提供物质产品更加重要。从社会经济发展战略的角度来看，如果社会能够改变"重物轻人"的传统做法，由"重物轻人"转为"以人为本"，那么这就是发展战略的转变，它将对第三次分配在社会收入分配中的作用发生重大的影响。这是因为，第三次分配来自人们的一种道德信念、社会责任感、同情心等，或者说，第三次分配以对人的关心和培养作为出发点。社会经济发展战略转变以后，社会发展趋势与第三次分配的趋势基本上是一致的。社会越是关心人，第三次分配在实现转变后的社会经济发展战略中所起的作用也越大。社会上出于道德信念、社会责任感、同情心等而自愿捐赠的人越多，意味着道德力量在社会收入分配中所起的作用越大，第三次分配的影响也越大。

社会从"重物轻人"向"以人为本"的转变，并不等于社会今后不再致力于物质产品的增产，也不等于社会今后只注意如何满足人们的"精神上的需要"，而不再注意如何满足人们的"物质上的需要"。实际情况将是这样的：社会仍将致力于物质产品的增产，致力于满足人们不断增长的"物质上的需要"，但由于社会越来越重视生活质量的提高，越来越重视对人们不断增长的"精神上的需要"的满足，因此，不宜采取"重人轻物"的提法，或者说，"重人轻物"实际上是一种不很确切的说法，"重人"不一定"轻物"，而很可能出现的是"既重人，也重物"，但"重人"指的是把关心人、培养人放在首位，而不能把单纯增加产量、产值作为主要任务，因为正如前面所说，人不是为了生产，生产是为了人，生产的目的在于关心人，培养人。"重物"的含义在于：没有坚实的经济基础、物质基础，生活质量的提高可能是力所不及的，对人的关心和培养也可能因物质条件的不足而难以成为现实，所以"重物"是为了落实"重人"而被提出的。假定把"重物"理解为"只重物"，而把对人的关心和培养置于无足轻重的地位，那就是对"重物"的一种曲解。正是在这个意义上，社会有必要从传统的"重物轻人"发展战略转变为"以人为本"的发展战略。

从根本上说，"以人为本"不仅仅是一种发展战略，更重要的是，它应当被社会确定为必须遵守的基本原则。而且，不仅在收入分配中才体现"以人为本"，而且在社会、经济、政治、文化各种领域中都应坚持"以人为本"的原则，毫不动摇。

第六章 社会经济运行中的道德制衡

第一节 约束与监督机制

一、筛选机制、保障与激励机制、约束与监督机制的统一

本书第四章已经就法律与自律问题作了分析。在这一章，准备从社会经济运行中的制衡因素的角度来讨论道德调节与社会制衡之间的关系。

在任何国家，一方面要赋予政府官员必要的权力，以便他们实现政府的目标；另一方面又要对这些官员进行约束和监督，以防止他们滥用手中的权力或渎职、失职。在中国古代就有对政府官员的考核制度和监督制度，同时又有"以俸养廉"的说法。在近代，有些国家除了建立比较完善的对官员的监察制度外，也以"高薪养廉"作为防止官员腐败的方法之一。"以俸养廉"或"高薪养廉"是有一定道理的。政府官员待遇偏低，可能留不住优秀人才，吸引不了优秀人才，而且还有可能使一些政府官员靠手中权力谋取私利，造成腐败现象。然而高薪的作用仍是有限的。对于政府机构工作人员，需要有三种机制：筛选机制、保障与激励机制、约束与监

督机制。我在《转型发展理论》一书中对这三种机制作了解释：[①]

筛选机制是指：国家公务员的任用和提升应当通过竞争，竞争就是一种筛选。筛选机制就是择优机制。职务是公开的，竞争也是公开的。这种机制能够使得一切符合条件的人都有被任用和提升的可能。

保障与激励机制是指：国家公务员在被任用以后，生活待遇应当不低于相同学历和经历的其他事业人员，以保证国家公务员队伍的稳定，并解除其生活上的后顾之忧；而且在定期考核后，有职务提升与收入增加的规范化的制度。

约束与监督机制是指：国家公务员的行为和工作态度应当受到各方面的监督，他们必须遵守国家公务员的工作守则，违者受到规定的处分；国家公务员自身也必须加强自律，严格要求自己。

上述三种机制是统一的。缺少其中任何一种机制，或者政府机构工作人员的队伍难以稳定；或者他们的积极性难以充分发挥；或者不容易消除腐败现象。

由此可以进一步探讨政府机构工作人员手中权力的源泉问题。根据埃冈·纽伯格（Egon Neuberger）和威廉·达菲（William J. Duffy）等人在《比较经济体制》一书中的论述，[②]权力共有四个基本的来源：传统、强制、所有权、信息，权力的这四个来源不一定彼此排斥、互不相容。决策者可以从几个来源（而不仅是某一个来源）取得权力。具体地说：

传统——传统也就是习惯。权力的最早来源以传统和习惯为基

---

① 参阅厉以宁：《转型发展理论》，同心出版社 1996 年版，第 291 页。

② 参阅埃冈·纽伯格、威廉·达菲等：《比较经济体制》，吴敬琏等译，商务印书馆 1984 年版，第 34—35 页。

础。国家形成以前，部落或类似的组织在行使统治，这种权力来自传统和习惯。国家形成以后，基层的机构也有可能仍依靠传统和习惯取得权力。

强制——强制也就是暴力。政府的统治依靠强制，权力也是建立在强制基础之上的。专制政体下的政府权力固然依靠强制或暴力，即使在民主政体之下，政府权力同样要依靠强制或暴力，区别主要在于政府行使强制或暴力是否有一定的程序可循，是否必须按程序行使强制或暴力，以及政府在行使强制或暴力之前、之后是否受到制约。

所有权——所有权也就是指拥有经济力量。没有经济力量作为基础，没有对稀缺的生产要素的明确的所有权，可能得不到权力，或者，有了权力也会失去。在市场经济条件下，这一点尤其明显。

信息——信息是一种特殊的资源，这种特殊的资源使拥有它的人比未拥有它的人处于优势地位，并能得到权力。

对权力的来源的分析有助于理解建立对政府机构工作人员的约束与监督机制的必要性。由于权力可能来自传统或习惯，那就要分析究竟是些什么样的传统或什么样的习惯，它们的合理程度如何。对援引传统或习惯而取得的权力也同样要有约束，要有监督。更加重要的是对于来自强制的权力的约束与监督。这里包括了对政府行使强制的程序及其履行情况的约束与监督，也包括对政府如何取得权力的过程的约束与监督。这是因为，"强制—权力—强制"的情况可以分为两个过程，一是"强制—权力"，即依靠暴力取得了权力，二是"权力—强制"，即有了权力之后就行使强制或暴力。如果不对取得权力的过程进行约束与监督，仅仅有对政府行使强制的程序及行使强制的情况进行的约束与监督，那是很不够的，而且往往忽略了约束与监督的重要职责。

至于对所有权和信息的掌握情况以及由此行使权力的情况进行约束与监督，也具有重要意义。这是政府在经济方面行使权力的凭借。如果要对政府机构工作人员在权力行使方面有约束与监督的话，有必要使政府掌握的所有权和信息资源及其垄断程度增加透明度，使公众对之了解。这种公开性有助于约束与监督的有效程度的提高。还应当指出，舆论监督的作用也是对权力滥用的抵制。权力的行使要符合政府的行为准则，舆论监督的要点在于监督政府本身以及政府机构工作人员的行为是否同规定的行为准则相符。

政府及其工作人员的权力，不是道德规范所赋予的，而是法律所赋予的。而政府及其工作人员对权力的滥用，首先是对法律的违背，同时也是对道德规范的违背。因此，要约束和监督政府工作人员的行为，法律与自律都是不可缺少的。在新旧体制交替时期，由于政治形势变化过快，或经济活动超前，法制建设相对滞后，从而在政策上或法律规定上出现某种真空，对政府工作人员的行为的约束与监督可能缺乏法律依据。在这种形势下，道德规范的约束和舆论监督就显得格外重要。

二、道德约束与对权力的限制

对政府及其工作人员的权力的限制，意味着任何一个政府职务和担任这一职务的政府工作人员在行使权力时，既要受到制约，又要受到监督检查，以免其滥用权力或利用权力谋取私利。为此，就要求权力的行使规范化、公开化。比如说，程序是严格规定的，并公之于众，一切按规范的程序操作，经办人员不得另立规章，不得拖延不办。这样就可以减少越权的操作。

从较广泛的范围来看，权力的行使与一定的宏观环境和一定的组织是分不开的。著名哲学家罗素（B. Russell）撰写过一本有影响的著作《权力论》，[①] 阐述了权力的行使必须在有序的结构中进行，权力的行使必定是组织化的。邓勇先生在概括罗素的论点时这样指出：权力都要依赖于一种有序结构，必须在有序结构中栖身运行。这种有序结构就是组织。当组织瓦解，在溃败后的散兵游勇之间就没有权力可言。哪儿有组织，哪儿就会产生权力。罗素把组织解释为一批因追求同一目标的活动而结合在一起的人，因此，权力的产生必然是同一群人有目的地聚集在一起有关。按照罗素的组织观，权力可以分为传统的权力和新获得的权力两类。传统的权力拥有习惯的力量，所以更依赖于舆论。新获得的权力包括以武力形式取得的赤裸裸的权力，以及依赖于一个因某种新教义、纲领或情感而团结一致的革命的权力，其特点是新信仰取代了旧信仰。[②] 对罗素论点的上述概括，清楚地反映了这样一点，这就是：既然权力来自组织，权力栖身于组织，所以对权力的制约与监督的关键也离不开社会对组织的制约与监督，以及组织对成员的制约与监督。

社会对组织的制约与监督是指：既然组织是追求同一目标的一群人的集合，那么社会对于组织的形成及其取得权力和行使权力的过程就要有所制约，有所监督，以免组织在取得权力和行使权力的过程中为了这一群人的利益而损害公众的利益。

组织对成员的制约与监督是指：既然行使权力的人是组织中的

---

① 参阅罗素：《权力论》，靳建国译，东方出版社 1988 年版。

② 参阅邓勇："权力的剖析：读罗素的《权力论》"，载《读书》，1989 年第 4 期，第 19 页。

一员，那么组织对于自己的成员行使权力的过程就要有所制约，有所监督，以免成员在行使权力的过程中为了个人的利益而损害组织的利益。

社会对组织的制约与监督，以及组织对成员的制约与监督，是制约与监督的两个方面，缺一不可。

接着，让我们再讨论信息作为一种特殊的资源同权力滥用之间的关系。信息的提供有重要意义，给当事人提供足够的信息不仅有助于减少当事人行为的风险，而且有助于使当事人获得利益。信息的价值取决于所供给的信息的准确性、及时性和适用性。掌握权力的人由于自身处于一种获得信息和给予信息的特殊地位，甚至垄断地位，这既有可能使他们在获得信息方面占有优势，并借此获利，又有可能使他们将权力的行使与信息的给予相结合，从中获利。信息垄断为权力的滥用创造了机会。也就是说，权力往往是在不容许竞争或只容许某种不正当竞争的条件下被滥用的。竞争从一定意义上说就是对滥用权力的有效抵制。这说明了在约束与监督权力行使方面运用公开竞争机制的必要性。

观念上的混乱、是非标准的模糊、错误的价值取向，以及人们被扭曲的心态，都有可能使得对权力的约束与监督起不到应有的作用。可以说，这是与长期存在于社会中的官本位观念及现实密切有关的。"官大一级压死人"、"现官不如现管"、"有权不用，过期作废"等虽然是民间流行的语言，但却有深刻的社会根源。这反映出单纯靠建立对政府机构工作人员的约束与监督机制是远远不够的。要使得约束与监督有效，还需要从更深入的层次进行探讨，找到社会制衡的方法。

对滥用权力者的惩罚固然必要，但同样有必要的是对因被滥用权力而遭到损害的人实行赔偿制度。确立对受害者的赔偿制度，是对权力的又一种限制。滥用权力者如果考虑到因滥用权力而会受到处罚，包括对受害者的经济上的赔偿（国家赔偿另行计算，这里指的是滥用权力者的个人赔偿），他们也许在行使权力时有所约束。虽然处罚（包括赔偿）在实行中仍会有局限性，但有赔偿制度要优于缺少这样一种制度。对政府机构工作人员的监督，应当包括对受害者实行赔偿制度的情况的监督。

在讨论了上述这些之后，我们可以回到道德调节这个课题上来。政府机构工作人员需要有道德的约束与道德的激励。道德的约束体现为政府机构工作人员的自律。关于这一点，前面已经作了论述。道德的激励体现为政府机构工作人员的敬业精神、为公众服务的精神、奉献精神的坚持和发扬，对此，前面也已分析过。现在要讨论的是：既然权力的行使同组织有关，也同宏观环境有关，那么，如何使道德力量在作为权力所依托的组织内部发生作用，使得对组织及其成员的约束与监督更为有效呢？如何在权力所依存的宏观环境中使道德力量发生作用，使得更多的人来关心对权力的制约问题，使约束与监督权力行使问题成为舆论所关注的焦点之一呢？

这里提出的问题已经不限于政府机构工作人员个人的自律，而且包括了作为权力所依托的一个组织的自律。罗素把组织解释为一批因追求同一目标的活动而结合在一起的人，组织的自律意味着这批结合在一起的人要为同一目标的实现而约束自己的行为，不容许组织内部任何一个成员因滥用权力而阻碍同一目标的实现。组织的自律同组织成员的个人自律一样重要。组织的自律将从组织自身做起，即组织的行为不能同组织目标的实现发生抵触。这是道德约束的体现。组织行为的规范化和组织行为符合一定的行动准则，是组织中任何一个成员的行为规范化的前提和保证。对组织的成员来说，如果因滥用权力而被组织所清洗，那就意味着通往权力的道路的终结。

从宏观环境来看，要使得政府机构工作人员不滥用权力，不利用手中的权力谋取私利，需要有公众对监督工作的参与。但公众能不能不畏权势，不怕报复，仗义执言呢？公众敢不敢同滥用权力的掌权者进行抗争呢？这可以被看成是整体的国民素质问题。这是因为，社会上总有人会从公共利益出发来揭发政府机构工作人员滥用权力的行为，但如果这只是个别人的义愤行为，那还不足以形成公众的监督，个别有义愤的人在社会上很可能是孤立的，不少人甚至心里佩服他，但却敬而远之。如果社会上有越来越多的人从公共利益出发，同滥用权力的政府机构工作人员进行斗争，这就反映了整个国民素质的提高。只有整体国民素质提高后，公众的监督才是切实有效的。因此，我们不能忽视道德力量在提高整体国民素质方面的作用，也就是不能忽视道德力量在发挥公众对掌权者的有效监督方面的作用。

讨论道德力量在实现对权力的约束与监督中的作用（包括行使权力的人的自律和公众从公共利益出发对行使权力的人的监督）时，还需要明确一个问题，即尽管政府是社会秩序的管理者、市场的调节者，但政府是否有凌驾于社会之上的地位呢？应当说，把政府看成是凌驾于社会之上的管理者是不正确的。如果受这种看法的支配，那就很难建立公众对政府行为的约束与监督机制。

社会由公众组成，公众需要社会秩序。政府作为社会秩序的维持者，责任在于按照法律的内容和规定的程序去规范所有的人（包括政府机构工作人员）的行为，保护人们的合法权益。这并不等于

政府凌驾于社会之上。假定政府自认为或被认为是凌驾于社会之上
的，只会导致权力被滥用，造成社会经济秩序的破坏。

第二节　选择与竞争

一、选择与竞争中的心理因素

在社会经济运行过程中，如果没有选择，没有竞争，不仅人
的积极性、进取精神、创业精神不可能发挥出来，惰性不可能被克
服，社会必定出现停滞和僵化，而且权力被滥用及掌权者肆意横行
等丑恶现象也不可能受到抵制和被揭露。公众参与对权力的监督，
是与公众有参与公共目标、公共利益实现的积极性分不开的，也是
以公众具有进取精神为前提的。不能设想一个既不关心公共利益，
又不思进取、创业的人会有参与权力监督的积极性。

社会经济运行中的制衡首先要靠法律，同时要依靠每个社会成
员的自律。自律就是以道德规范所形成的行为准则来约束自己和激
励自己。法律依靠人们制定与执行，行为准则则需要人们的认同、
接受与遵从。社会上的约束与监督，既是对掌权者、权力行使者而
言，也是对每一个社会成员自身而言。即使不是掌权者，同样需要
有对个人行为的约束与监督，包括舆论的监督。

约束与监督的有效程度取决于整体国民素质，选择与竞争的作
用在于保证整体国民素质的提高。但是，选择必须是机会均等条件
下的选择，竞争必须是自由的竞争、公平的竞争、公开的竞争。竞
争的自由性是指竞争过程中不应受到人为因素的干扰和限制。竞争

的公平性是指参加竞争的各个主体的机会是均等的，不存在垄断性的、排他性的竞争资格。竞争的公开性是指应该向一切可以参加竞争的主体公布竞争的规则和竞争的应知事项。总之，对选择与竞争而言，原则应普遍适用，不能事先就把某些主体排除在竞争活动之外，不能把"选择"关闭在黑箱中操作，否则就是最大的不公平，对社会制衡只有弊而无利。

在讨论选择与竞争对于社会制衡的重要性时，应当注意到，就业机会的均等和职位的公平竞争尤其重要。职业的限制、职业的排他性，只能挫伤大多数人的积极性，引起经济的停滞、僵化。实际上，历史上早已注意到这样的问题。封建时代，贵族占据了社会的高级职位，世袭制渗透到政府官员职务的安排之中。他们为了保住世袭的地位和财富，采取了各种手段，包括政治性的联姻。其结果，不仅社会上层与中下层之间的矛盾加深了，而且在社会上层，家族之间的仇恨与冲突也难以避免。无论在欧洲还是中国，职位的世袭化和职业的世袭化都给社会经济带来了危害。为了打破这种职位和职业的世袭制，封建时代的欧洲和中国也都曾采取过一些措施。在职位的非世袭化方面，中国的科举制度所起过的作用是人所共知的。在欧洲，中世纪的教会拥有巨大的权力。为了制止教会权力的世袭化，教皇格雷高里七世（Gregory Ⅶ，1073—1085年）强行贯彻僧侣独身主义。正如罗素所说，"僧侣们一旦结婚之后，他们自然企图将教会的财产传给他们的子嗣。假如他们的子嗣当了僧侣，那么他们更可以进行合法的授与……僧侣的独身对于教会的道德权威来说是必不可少的。"[①] 格雷高里七世的决定当时是受到民众

---

① 罗素：《西方哲学史》，上册，何兆武等译，商务印书馆1986年版，第501—502页。

的支持的，所以罗素接着评论道："俗众到处渴望他们的祭司过独身生活。格雷高里煽起俗众暴乱用以抵制结婚的祭司和他们的妻子，这时僧侣夫妻经常遭到令人发指的虐待。"[①] 不管怎样，民众对教会财产世袭制与家族化的痛恨，反映了他们对于选择与竞争的公平性和公开性的希望。

实际上，促进职业机会开放和打破职业限制的重要措施是增加社会的流动性，包括水平的流动和垂直的流动。社会的水平流动使人们可以在地区、部门、企业之间选择最能发挥自己长处的岗位，以调动他们工作的积极性。同时，社会流动与竞争往往是不可分的，有竞争，就会促进社会流动；有社会流动，竞争就是必然的，于是职业的限制将被逐渐打破。社会的垂直流动则可以使人们摆脱职业的等级限制，抵制想把职位世袭的企图，它除了在调动人们的积极性方面有更大的作用以外，还向一切依靠职位世袭和等级制而占据政府高位的人提出了挑战。中国的科举制度和欧洲教会的不同出身而提拔教职人员的制度在当时的历史条件下之所以长期维持，正是由于在社会的垂直流动方面有重要的突破。

职业限制的取消、职位的开放和公平竞争，对社会运行中的制衡无疑是有利的。但一旦进行竞争，必定有失败者和胜利者，而且胜利者可能是少数，失败者是多数。失败者中不少人并不认为胜利者在各方面都优于自己，他们会认为选择有欠公正，也会抱怨竞争中仍存在种种障碍。这种抱怨不一定没有根据。然而，即使是失败者，至少可以知道有选择与竞争要比没有选择与竞争好得多。这就为改善竞争状况和真正实现公平竞争创造了条件。从失败者的抱怨

---

① 罗素:《西方哲学史》，上册，何兆武等译，商务印书馆1986年版，第506—570页。

中还可以了解到，除了在制度上可能存在着对选择与竞争的各种障碍以外，人们心理上的障碍也是不可忽视的。心理上的障碍主要表现为个人缺乏进取精神和竞争意识，或存在惰性，甘愿放弃被选择的机会。同样不容忽视的是，制度上的障碍还会导致人们产生悲观失望的情绪，加重了他们的心理负担，这是因为，当人们感到制度上存在着对选择与竞争的不合理的限制时，他们会感到即使个人付出很大的努力，但收效甚微，于是原有的进取精神和竞争意识就减退了，几乎消失了，惰性将随之增大，甚至最终产生一种听天由命的思想。

选择与竞争本身的难度也应当引起注意。机会均等对于职位的竞争而言，很可能停留在一种承诺之上。比如说，通过法律可以规定职位向一切有资格的人开放，禁止任意的排他性，禁止有特权的人造成某种职业的垄断、职位的垄断。但法律并不能保证最有资格获胜的人一定能取得某个职位，法律只能保证没有资格的人不可能取得这个职位。法律对竞争的不正当性可以作出规定，但法律对选择的准确性却无法作出保证。选择毕竟有相当的自由度，这就给道德调节留下了空间。

无论如何，职业机会的开放以及职务的公开选择与竞争，应当程序化。一切按规定的程序办事，对消除有关选择与竞争的制度障碍和心理障碍是十分重要的。职务公开选择与竞争的程序化主要包括以下内容：需要什么样的人来填补什么样的职务空缺，应当事先按一定程序公布，以便人们在了解情况之后参加竞争；被选择者参与竞争的过程应当公开、公平；选择者对于参加竞争的被选择者不应抱有偏见，而应当按照原来规定的标准来挑选合格的人。所有这些都应当受到监督。只要选择与竞争能够程序化并受到监督，那么不仅选择的效果会改善，而且人们对选择与竞争的心理上的障碍也会逐渐消除。

二、选择与竞争中的法律约束与道德约束

让我们对选择与竞争问题再作一些探讨。

为了使选择与竞争公正有序，应当制定有关选择与竞争规则的法律以及监督这些规则实施情况的法律。法律对那些滥用权力来破坏选择与竞争规则的人进行约束，也对一切参加选择与被选择的人、参加竞争的人进行约束。但正如前面已经指出的，法律能做到的是不排斥有资格参加竞争的人参加竞争，法律无法保证让最能胜任的人在竞争中胜过其他人。这就是说，选择与竞争之中，法律约束是必要的，但仅靠法律是不够的。

不妨以一个企业为例。为了使企业不断提高效率和不断发展，要让优秀人才脱颖而出。如果仅仅依靠法律，则无法保证做到这一点。企业管理中也可以制定若干规则，如人员选拔规则、人员录用规则、人员辞退规则等，这些规则当然有用，但依旧不能保证优秀人才在企业中一定得到重用。为什么这么说？因为在日常生活中，包括在企业日常工作中，经常可以发现一种不正常的情况，这就是"庸才沉淀"。"庸才沉淀"是指：在一个单位内，优秀人才留不住，平庸之辈往往留下来了。"庸才沉淀"与公平竞争是不相容的，它使得社会失去生气，使得一些单位失去活力，暮气沉沉，效率低下，而且会产生离心离德现象。不仅如此，"庸才沉淀"还使得社会运转中缺乏制衡的因素，使得约束与监督机制不发生作用。

为什么一些单位内会出现"庸才沉淀"？对此，我在《转型发

展理论》一书中曾作了分析。[①] 总的说来，"庸才沉淀"是同竞争机制、人员流动机制的不完善联系在一起的。竞争机制、人员流动机制越是不完善，"庸才沉淀"现象就越显著、越不容易解决。因此，究竟怎样进行人才的有效选择，怎样让优秀人才脱颖而出而不至于被埋没、被排挤、被逐走、被打击，以及怎样让竞争机制在人才选拔和使用方面充分发挥作用，值得进行更广泛、更深入的研究。

为了使社会上有更多的人能通过公平竞争而从事更加适合自己的才干的工作，为了让一个单位内部能真正做到人尽其才，需要让用人单位对于供选择的人有更多的了解，也需要让那些正在寻找工作的人、待更换工作的人、被挑选的人对于某项工作和某个工作岗位有更多的了解。在这种情况下，法律显得无能为力，因为法律只是为选择与竞争创造公平与公开的条件，法律只是规定限界，即选择与竞争活动不得越过法律规定的范围，法律并不能保证用人单位通过对被选择者的了解而选择到最适合的人，也不能保证参加竞争的人通过对工作岗位的了解而找到更适合自己的用人单位。法律的约束只是表明，无论是选择者还是被选择者，都应当知法、守法，都有责任对一切违法现象进行抵制和揭露，但法律的约束依然不可能使选择者一定能选择到最适合的人，或使被选择者一定能找到更适合自己的用人单位。

留下的空白只能由道德调节来弥补。道德调节在选择与竞争方面的作用实际上是多方面的。

首先要讨论的是道德约束的存在及其必要性。在人才选拔过程中，道德约束既表现在选择者身上，也表现在被选择者身上。选择

---

① 厉以宁：《转型发展理论》，同心出版社 1996 年版，第 279—282 页。

者应遵守社会所承认的规范，公正行事，任人唯贤，不徇私情。被选择者同样应遵守社会所承认的规范，诚实信用，不弄虚作假。换言之，选择者和被选择者都有必要在选择与竞争过程中加强自律。这是使得选择有效和竞争有序的一种保证。尽管这种保证是非强制性的，但只要大家都能以道德规范来约束自己，选择与竞争过程中的弊端和不足就会减少，直到消除。

道德调节也反映于选择者和被选择者的道德自我激励方面。正如前面已经指出的，自律既包括对自己的道德约束，也包括道德的自我激励。既然人才的选择与使用对一个单位来说是关系到单位的效率和单位的前途的大事，那么，选择者就应当有一种责任感、一种事业心，从而兢兢业业、认真负责地把人才选拔和使用的工作做好。这就是选择者不可缺少的敬业精神。有了这种敬业精神，选择者会把工作做得更仔细，更符合用人单位的要求。至于被选择者，在参加竞争的过程中同样需要有道德的自我激励。既然他们把工作岗位的选择当做寻找更适合发挥自己才能的单位的机遇，他们就应当珍惜这样的机会，在参加竞争时充分体现自己的进取精神和务实精神，不畏困难，不图虚名浮誉。有了这种进取精神和务实精神，即使在一次竞争中失利了，他们也不会泄气、自弃，而会继续进取。

在一个单位中，文化建设对于人际关系的协调固然十分重要，但就人才的选拔和使用来说，文化建设可能还有更重要的作用，即增加人们的相互了解，促进选择者与被选择者之间的交流和信任。文化建设尽管还不可能从根源上消除"庸才沉淀"现象，却有助于单位发现人才，了解每个人的所长和所短，使下情上达，从而减少"庸才沉淀"现象的发生。而文化建设正是道德调节的产物。

在选择与竞争过程中，经常遇到所谓"不合理但并不违法"的行为。对这一类行为，不可能施以法律惩罚，因为对一种行为进行法律上的惩罚，必须有法律上的充分依据。既然这一类行为并不违法，所以施以法律惩罚的依据不足。但不施行法律惩罚，不等于不进行道德评价，更不等于不需要采取道德调节方式来改进一个单位的人才选拔和使用工作。道德调节在这方面的作用是法律无法替代的。如果我们把选人和用人的问题提到建立社会经济运行中的制衡机制的高度来认识，那么对一个单位的文化建设的意义也将有更深入的了解。

第三节　信仰与社会制衡

一、对信仰的理解

社会经济运行过程中的制衡还涉及人们的信仰问题。在道德调节中，信仰既是一个重要的组成部分，又是促使道德调节有效的重要因素。信仰不仅同政治不可分开，而且也同经济发展不可分开。

信仰在某种意义上是一个效忠问题。这不是指有某种信仰的人需要对某一个人、某一个家庭或家族的效忠。在封建时代，臣民对君主及其家庭或家族的效忠、受分封的藩臣对分封者及其家庭或家族的效忠、奴仆对主子的效忠等，可能同某种信仰有关，也可能同信仰无关。这种情况下的效忠，基本上是一种权力支配的后果，包含着政治或经济的利益。这种情况下的效忠，还可能是一种仪式或誓约。在讨论社会制衡问题时，我们所要分析的效忠，是同信仰紧密地联系在一起的，基本上不涉及权力的支配，基本上与个人的利益无关。这是指人们对一种理想的效忠，对一种待人处世原则的效忠，或对一种伦理观念的效忠，等等。一个人，如果放弃了原来的信仰，放弃了原有的效忠，那就意味着放弃了原来曾经坚持和信奉过的理想、原则、伦理观念。

同信仰紧密联系在一起的效忠，是出于自愿的，因此可以称之为对于自己信仰的效忠。杜维明先生在谈到中国儒家文化时，曾有一段精彩的论述。他指出："不幸的是，在中国政治文化中实际发生作用的，不是圣王思想，而是王圣思想，王圣与圣王思想是截然相反的。圣王思想认为只有具备高超道德尊严的人才有资格当政治领袖。王圣思想指的是一个通过权力斗争、叛乱或暴力而夺权的政治领袖在当政后，不要求民主的效忠，而是要求政治及道德上的效忠……我想如果这种道德与政治的结合运用得当，何者为优先的观念应该是很清楚的，也就是道德为先政治其后。但如果情况刚好相反，就可能出现一种非常严峻的控制手段。"[1] 这段话反映了这样一个事实，即先有出于自愿的信仰并有道德上的效忠，然后再有政治上的效忠，那么这毕竟还是符合儒家人文主义传统的；反之，如果先有强制性的政治上的效忠，然后再统一思想而有道德上的效忠，那不仅违背了儒家的人文主义传统，而且正是专横暴虐的统治者所施行的一种统治手段，这种所谓效忠与我们在这里讨论的社会的道德制衡恰恰相反。

现在，让我们撇开儒家文化这个主题，仅就信仰与对信仰的效忠同社会制衡之间的关系进行论述。一般说来，对某种理想、原则

---

[1]　杜维明："儒学传统价值与民主"，载《读书》，1989 年第 4 期，第 97 页。

和伦理观念的信仰总是同相应的行为结合在一起的。有信仰的人，为了忠于自己的信仰，总要在行动上有所表现，这样就会形成社会经济发展中的一种精神动力。有信仰的人在社会经济生活中往往有乐观精神、进取精神，而且也会比较沉着，敢于面对所遇到的困难。他在信仰的激励之下，总是相信自己的理想必胜、原则必胜、伦理观念必胜，并且认为这种取胜将会给社会带来好处。正是这样一种精神上的动力，成为社会上不同地区、不同职业、不同阶层的热心公共利益的人奋不顾身地同被他们认为不符合道德规范的掌权者抗争的力量。没有信仰，没有对自己的信仰的效忠，他们可能不会去冒犯那些掌权者。

因此，社会经济运行中的道德制衡，首先是指有信仰并效忠于信仰的人，出于对理想、原则、伦理观念的坚持，在约束自己行为的基础上，对违背道德规范的掌权者进行抵制与抗争。这种抵制与抗争大大增强了社会的约束与监督机制。

这里所说的信仰当然不仅是指宗教信仰，非宗教性的信仰也包括在内，例如对某种社会理想或政治信念的坚持，要改变某种社会政治的不合理结构，或要贯彻某种原则和伦理观念等。对于有信仰的人来说，信仰与实践彼此制约，互相渗透。信仰鼓励实践，实践印证并丰富信仰。没有信仰，实践时缺乏精神支柱，实践不可能持久，也可能没有目标。没有实践，信仰始终是信仰，而且会逐渐变得空泛、虚幻。社会上不乏只有实践而没有信仰的人，或只有信仰而没有实践的人，但毕竟仍有不少人把信仰与实践两者结合在一起。这些人对公共利益的关心和对公共政治生活的参与，给社会经济运行过程加入了道德制衡的因素。

对于信仰，还可以有一种更为广泛的理解，这就是把某种人生哲理的信奉也纳入信仰之中。这种信仰有可能同某种宗教信仰相结合，即信奉某种人生哲理的人同时也是一名虔诚的教徒；但也有可能同任何宗教信仰都无关，即信奉某种人生哲理的人并不信奉任何宗教，他只是认为这种人生哲理是正确的，待人处世都应按照这种人生哲理的要求去做，等等。不管对某种人生哲理的信奉者是不是教徒，只要他信奉了这种人生哲理，他就有了精神上的动力，并在自己的经历中依靠这一精神上的动力而产生信心、毅力或生活的勇气，这也有利于社会的制衡。

二、信仰在社会制衡中的作用

信仰之所以有利于社会经济运行中的制衡，并非仅仅是从个人的角度进行分析的结果。从个人的角度来看，如果一个人有信仰并根据自己的信仰来行动，他将会用自己的信仰作为判断是非曲直的尺度，一方面以此要求自己，另一方面也以此衡量别人，从而社会经济运行中就增添了制衡的因素。这有可能是自律的强化，也有可能是对社会上权力滥用现象的一种抵制和抗争。可以把上述这些称做社会的道德制衡，即依靠道德力量使社会产生制衡。不仅如此，在法律规定了权力滥用是一种违法行为并应受到惩罚时，道德制衡可能促使法律重视已被揭露的权力滥用问题，监督法律的执行者是否依法处理了这种问题，于是道德制衡便同法律制衡（即依靠法律使社会产生制衡）结合起来了。可见，从个人的角度进行分析是有用的，也是不可缺少的。

但信仰在社会制衡中的作用不限于此。还有必要从群体的角度对这个问题作一些考察。

前面已经多次指出，人总是一个或若干个群体中的一员。个人对群体的认同和群体对个人的认同，将使得体现为一种道德力量或精神支柱的信仰在社会经济运行中发挥更大的作用。可以把宗教信仰与非宗教性的信仰分开来阐述。

以宗教信仰来说，有宗教信仰的人组成了一个群体，说得更确切些，有宗教信仰的人加入了已经存在的宗教组织这样一个群体。有宗教信仰的人在理想、原则和伦理观念上受到宗教组织这个群体的影响，个人的是非判断要服从这个群体的标准，同时，个人也在影响群体的行为，尽管这种影响可能是很微弱的。问题在于：任何宗教都要求信教者加强自律，不做违背本宗教的道德规范的事情，并要抵制有损于道德规范的行为。即使本宗教组织中有人违背了道德规范，也不应宽恕，因为这将使本宗教的理想的实现遭到损害，使本宗教的形象遭到破坏。在宗教组织这个群体的影响下，信教者不仅自律性加强了，而且能在共同的理想、原则、伦理观念的指引下抵制社会上滥用权力或其他违背道德规范的行为，并同这些行为抗争，从而使社会的制衡机制能更好地发挥作用。

再以非宗教性的信仰来说，一个有非宗教性信仰的人可能参加有共同理想、原则、伦理观念的人已经组成的群体，或者联合有共同理想、原则、伦理观念的人新组建一个群体。一旦有非宗教信仰的人成为这样的群体中的一员时，他的信仰与行为会影响群体的其他成员，而群体的信仰与行为又会对他发生影响，于是群体的信仰与个人的信仰很难再分开。尽管在这些非宗教性质的群体中，成员个人与群体之间的认同程度会有差异，但这并不妨碍他们在共同的理想、原则、伦理观念这一前提下，既加强自律，又抵制违背群体的理想、原则、伦理观念的行为。可见，群体的信仰以及由此产生的群体行为在社会经济运行中的制衡作用肯定要大于单个的个人所起的作用。

由没有信仰的成员所组成的社会，是一个没有希望的社会。社会的成员如果没有信仰，社会将变得无序，社会制衡也就无从谈起。不管是宗教信仰还是非宗教性的信仰，信仰都是对一种既定的理想、原则、伦理观念的效忠，对有信仰者本人是约束，对其他人是监督，对社会是制衡。这就是对信仰在社会经济运行中的作用的概括。

哪怕是在一个以个人为中心的社会中，个人作为这一群体或那一群体中的一员，群体对于个人的影响仍是显而易见的。比如说，个人对群体有一种责任感，群体对成员个人的关心，都建立在信仰一致的基础上，有一致的信仰才会有彼此的认同。在群体中，个人的权利与个人的义务是并存的。群体各个成员构成了一套人际关系，群体是靠成员对群体本身的信任和认同，以及成员之间的协调来维持存在的。如果群体中的成员只要求对自己权利的承认而不承认所担负的义务，如果他们只要求群体对自己关心而缺乏对群体的责任感，其结果，要么是个人迟早离群体而去，要么群体将名存实亡，甚至名亡实也亡。个人与群体之间的上述关系，正是信仰得以在社会经济运行中发挥较大制衡作用的基础。道理很清楚，因为群体的存在和活动既然是在信仰一致的前提下进行的，那就意味着有序，群体与成员个人之间的关系也建立于有序状态之中。任何群体总有自己的宗旨、目标或任务，不管这些宗旨、目标或任务多大还是多小，它们总代表着一定的信念和理想，也就是说，群体活动的有效性和有序性最终建立在成员的信仰之上。社会经济运行中的制衡就是在各个群体实现自己的信念和理想的过程中进行的。有时，

209

群体还要依靠成员们的努力，甚至献身，才能抵制破坏社会秩序的行为。群体及其成员们在实现自己的信念和理想时可能并未意识到这对于社会制衡、对于维持社会的有序状态会有多大的促进作用，但结果却必然如此。

三、理性与信仰

群体多种多样。是不是所有的群体都会有一种理想或原则呢？是不是所有各个群体的成员都会因群体的理想或原则对自己的吸引而成为群体的一员呢？是不是所有各个群体的成员都会同群体保持信仰的一致，都效忠于这一信仰，从而愿为群体的理想或原则的实现而努力呢？这是一个比较复杂的问题。事实上，不仅群体各不相同，而且个人参加群体的情况也是很不一样的：有的人经过思考以后而自愿参加某一群体；有的人则是不容选择地加入到某一群体；还有的人事先并未经过思考而参加了某一群体，参加之后虽然发现同群体的理想或原则有不一致之处，但却因种种原因而未退出。这些正反映了情况的复杂性。另有一些群体，是松散的，或者并没有什么明确的理想或原则，只是出于某种兴趣、爱好而组成的，这样，成员们也就谈不上同群体之间有什么信仰上的一致了。这样的群体可以不列入本章所讨论的范围。

总的说来，大多数群体总是有自己的理想或原则的，至少会把群体自身的不断发展作为一种理想，把维护群体自身的利益作为一个原则。只要成员们认同这一点，那就可以同群体保持一致，信仰的力量也就产生了。举例来说，群体之小莫过于一个家庭、一个小村庄、一条街道，一个人必定是家庭的成员、村庄或街道的居民。

家庭总希望自己能够兴旺，村庄或街道总希望这里平安无事，家家安乐。家庭成员同家庭这个群体、村庄或街道这个群体在这方面是一致的。至于一个政党、一个宗教组织、一个社会团体，它们的理想或原则就更清楚了，这些群体的成员在认同群体的理想或原则的基础上，就会同群体保持一致。社会经济运行过程中的制衡作用，正是与这种认同以及由此产生的群体行为联系在一起的。但无论群体的大小，究竟是成员们的信仰先于理性呢，还是理性先于信仰，这是有争议的。

其实，信仰先于理性与理性先于信仰这两种情况是并存的。信仰先于理性，可能使信仰带有更大的自发性，而理性则可以使信仰在实践中发挥更大的作用。理性先于信仰，会使信仰带有更大的自觉性，而且信仰还可以起到使理性进一步深化的作用。在一些场合，多半是先有信仰，再有理性认识，而在另一些场合，则多半是先有理性认识，再有信仰。对一些人，可能是信仰先于理性，而对另一些人，则可能是理性先于信仰。这也符合实际情况。

"先信仰，后理性"或"先理性，后信仰"都表明信仰同理性是结合的。但在日常生活中还会遇到一种"超理性的信仰"或"非理性的信仰"，这样的信仰对于社会的制衡不会有什么好处，甚至还会使社会经济停滞，失去活力。不妨以中国在计划经济体制下的情形作为一个例证。在中国，计划经济体制曾经在相当长的时间内占据着支配地位。个人权利和个人自由在计划经济体制下是受到严格限制的。那时，个人同物质生产资料一样受到统一的计划分配，对于职业、住所、居住地区、生活方式，个人缺乏自由选择的权利。既然缺乏自由选择，个人的行为就往往是被动的、受安排的。在这种情况下，国家实际上包揽了个人的经济风险，"一切是受安排的"意味着个人既不必选择，也不需要承担风险。尽管人们生活水平很低，但社会上只有隐蔽的失业而没有公开的失业，只有隐蔽的通货膨胀而没有公开的通货膨胀；尽管"大锅饭"并非大家都在一口大锅中吃饭，而是实行着"分档次的大锅饭"①制度，但毕竟有"大锅饭"可吃；尽管"铁饭碗"并不意味着任何人都不愁会丢掉饭碗，而是意味着，只要顺从计划经济体制的安排就会有一个饭碗可捧，如果试图摆脱计划经济体制的束缚或对计划经济体制持有不同意见，那么，没有捧上饭碗的就不会有饭碗可捧，已经捧上饭碗的则会丢掉饭碗，包括被开除公职等②，但对于服从计划经济体制安排的人来说，"铁饭碗"毕竟是存在的。上述这一切，就给人们一种有关计划经济体制优越性的观念，甚至使人们形成了"大锅饭"、"铁饭碗"等于社会主义的想法，于是一种超理性的或非理性的信仰就产生了。这种超理性的或非理性的信仰也能产生某种精神上的动力，如为维持"大锅饭"、"铁饭碗"制度而努力，为坚持"'大锅饭'、'铁饭碗'等于社会主义"的信念而努力，等等。但这样的信仰不可能持久，因为它同事实有相当大的差距；这样的信仰也起不到社会制衡的作用，因为它是在坚持一种不符合实际

---

① 我在《股份制与现代市场经济》一书中曾这样写道："吃大锅饭无疑是一种平均主义。但'大锅饭'，从来不是一口锅里吃饭。如果读者有兴趣，不妨看一看《水浒传》……（梁山泊）有两口大锅，在每一口锅内则是平均主义。这是两口锅的'大锅饭'……你属于那一个档次，就在那口锅里吃大锅饭；你属于这一个档次，就在这口锅里吃大锅饭。"（厉以宁：《股份制与现代市场经济》，江苏人民出版社1994年版，第69页）

② "在计划经济体制之下，居民个人实际上也处于行政部门附属物的地位。个人作为劳动者，在什么工作岗位上就业和担任什么工作，都由劳动人事机构按计划安排好，流动难以如愿，抵制这种安排等于自己断送了再工作的机会。"（厉以宁：《股份制与现代市场经济》，江苏人民出版社1994年版，第446页）

的体制、一种阻碍社会生产力发展的体制，它引起的结果则是个人能力的钝化、风险意识的丧失、进取精神的缺乏，社会也就没有生气可言。更为严重的是，在计划经济体制之下，由于主持和执行计划配额的人掌握很大的权力，他们滥用这种权力的现象是有体制上的根源的，他们可以用这种权力来打击一切企图摆脱计划经济体制束缚的人。然而，在存在着对计划经济体制有超理性的或非理性的信仰的情况下，对滥用权力的现象实际上采取的是驯服而不是抵制的态度，是盲从而不是怀疑的态度，于是社会制衡机制也就不可能形成。

前面曾经说过，由没有信仰的成员所组成的社会是一个没有希望的社会。现在可以再补充一句，由有着超理性的或非理性的信仰的成员所组成的不止是一个没有希望的社会，甚至可以说是一个绝望的社会。

第四节　社会经济运行中的安全阀

一、关于政府在缓解社会矛盾方面的局限性

社会经济运行中的安全阀，是指在社会经济运行过程中，如果社会矛盾比较尖锐，社会上一部分人的不满情绪比较大，应当使这些矛盾和不满情绪有一些泄放口，以免矛盾越来越激化，不满情绪越积越多，最后弄到难以收拾的地步。也就是说，在社会经济运行过程中，矛盾宜化解而不宜蓄积，社会上的不满情绪宜疏导而不宜堵截。社会应当具有一种内在的缓冲机制、疏导机制。社会经济运

行中的安全阀就是对这种内在的缓冲机制、疏导机制而言的。

在这里有必要对政府调节的局限性作一些阐述。这里所谈的是政府在缓解社会矛盾和疏导社会不满情绪方面的局限性。

应当指出，尽管政府在调节中往往掌握着主动权，即政府认为需要调节时就进行调节，不需要调节时就不进行调节，但这并不等于说政府的调节一定能够按照理想的方式进行，政府调节的结果也不一定就是理想化的。政府的调节是现实的调节，而并非理想化的调节。一般说来，政府调节的局限性主要在于：政府由于主观条件和客观条件的限制而不可能掌握全部必要的信息，从而不可能在掌握了全部必要的信息之后再作出决策。而且，从政府与公众之间关系的角度来看，在政府把自己的行为理想化的同时，公众也在根据以往的经验对现实和未来进行估计，作出判断，拟定准备实行的对策。这样，现实的状况不可能像政府所设想的那样完满，它会同预期的效果有一定的距离。何况，政府是一个，企业和个人是无数个，无数个企业和个人的眼睛都集中到政府身上，而政府却无法把眼光具体地投向每一个企业和个人。政府的行为易于被公众所认识，而政府却不易了解每一个企业和个人的行为。由此看来，政府调节的非理想化是一个不可能被否认的事实。

过去长时期内，有些人对政府调节有一种不正确的看法，似乎只要政府向公众"灌输"一种思想，公众就会接受这种思想，于是政府调节也就没有什么障碍了。这种看法实际上设定了两个并不存在的前提。一是假定公众对政府是绝对信任的，公众认为政府的任何措施都是正确的，是符合公众利益的，所以政府说什么，公众就接受什么。二是假定公众除了接受政府的"灌输"之外没有任何可供选择的余地，即如果公众不接受政府的"灌输"，那是不容许的，如果公众对政府的调节措施有任何异议，那更在被取缔之列。于是不管公众想通了还是没有想通，都得接受这种"灌输"。显而易见，即使在计划经济体制之下，这两个前提也是不存在的。过高地估计"灌输"的作用，只能使政府自我陶醉，并在政府行为理想化的幻觉中越陷越深。

不错，在政府采取调节措施之前是需要向公众进行解释的。政策的宣传是使政策增加效果的条件。政府在采取某项调节之前如果能先对公众作充分的说明，化解公众的疑虑，这无疑有利于该项调节的推行。然而，向公众作解释不等于向公众"灌输"。"灌输"仅仅适用于对政府行为的非理性信仰者。其实，既然某些人已经成了对政府行为的非理性信仰者了，"灌输"可能是多余的，因为即使不"灌输"，他们也相信政府万能或政府永远正确。

不可否认，这种"灌输"的副作用是十分明显的。由于把公众当成被动的接受者，在信息流程上只有自上而下的输入，而往往缺少自下而上的反馈，并且信息来源单一，即由政府发布信息，公众缺少从其他信息来源得到的机会。在这种情况下，个人仅仅作为行政部门的附属物而存在。如果说公众中有相当多的人还不至于或不敢公开抗拒政府的某些调节措施的话，至少仍会默默地抵制或另找躲避的办法，这样也会使政府的调节效果下降。

在了解了政府调节的上述种种局限性之后，让我们再就缓解社会矛盾和疏导社会不满情绪方面所存在的政府调节的局限性进行讨论。可以分三种情况来谈。这三种情况是：第一种情况，政府不了解下情，得不到有关社会矛盾和社会不满的真实情况；第二种情况，政府对社会矛盾和社会不满的真实情况有所了解，决定采取措施来加以缓解，但措施不当；第三种情况，政府对社会矛盾和社会不满的真实情况有所了解，决定采取措施来加以缓解，并且措施是正确的。

1. 政府不了解下情，得不到有关社会矛盾和社会不满的真实情况。

假定政府对下面所产生的社会矛盾和社会不满情绪不了解，以为社会一切正常，那就会认为没有什么化解和疏导工作可做，从而也就谈不到建立社会内在的缓冲机制的必要性了。但社会上不可能不存在社会矛盾，也不可能没有对社会的不满情绪。于是矛盾就会越积越多，社会不满情绪也会不断增长，最终会导致社会的动荡，甚至爆发一场社会政治危机。这种情况在历史上不是没有出现过的。

2. 政府对社会矛盾和社会不满的真实情况有所了解，决定采取措施来加以缓解，但措施不当。

这正如医生治病一样。一个医生，如果他发现病人患了病，并且病情较重，但开出的处方却不合适，其结果，或者只是让病情稍有减轻，但却没有治好；或者拖延了时间，使病情加重；或者由于处方不对路，病情恶化。政府在处置社会矛盾和社会不满问题时，即使了解了社会矛盾和社会不满情绪的存在及其严重程度，但由于措施不当，结果不仅有可能使这些矛盾和不满情绪继续存在，甚至有可能使矛盾进一步激化，使社会的不满情绪进一步加剧。原因在于，政府信息不充分，或对措施的效果估计过高而对措施的副作用估计不足，或政府的调节不能随着客观形势的不断变化而及时调整，等等。这些都反映了政府在这方面的调节的局限性。

3. 政府对社会矛盾和社会不满的真实情况有所了解，并且采取了正确的措施。

照理说，在这样的情况下，政府有关缓解社会矛盾和社会不满情绪的调节措施应当是有成效的。然而，正如历史上许多事件已经表明的，政府调节措施依然存在着局限性，这些措施未必能够符合政府的设想。可以从两方面进行分析：一方面，任何社会矛盾总是由两方之间的不协调引起的，每一方认为自己是有理的，都认为自己吃了亏，在收入分配上是如此，在就业、福利、生活状况等方面也是如此，很难断言究竟哪一方正确，哪一方不对。诸如此类的纠纷、争议，都不是依靠政府作为行政主管机构做一个裁决就能化解的。政府可以作出公正的裁决，但不一定使双方都满意。这一类问题只有通过民间的协调，本着互谅互让的精神来处理，才能缓解。这就超出政府作为主管机构的力量之外了。有许多问题不一定非要判断谁对谁错不可，"和稀泥"是民间常用的办法，这句话不见得总是错的。但政府调节很难去"和稀泥"，从而尽管从理论上说政府的措施十分正确，而在化解社会矛盾和消除社会不满方面却似乎常常无能为力。另一方面，许多社会矛盾和社会不满情绪是日积月累而形成并激化的，如果在它们处于萌芽状态时就能予以化解、疏导，也许是很有效的。然而，政府作为行政主管机构，总有自己的既定决策程序和办事程序，再加上政府的信息不一定及时和完整，因此即使政府事后能采取正确措施，但社会矛盾和社会不满情绪通常已经不是处于萌芽状态了。在这种情况下，政府调节的效果就会减少很多。这也表明了政府调节的局限性。

由此看来，为了化解社会矛盾，为了疏导社会的不满，有必要在政府调节以外去寻找社会内在的缓冲机制的建立途径。习惯与道德调节的作用将在这个领域内再次呈现出来。

二、社会内在缓冲机制、疏导机制的建立

接着，让我们探讨一下在政府调节非理想化的条件下，社会

经济运行中的安全阀究竟在哪里？怎样才能建立社会内在的缓冲机制、疏导机制？从政府调节以外的角度来考察，可以认为，使社会中产生一种新的平衡力量，对建立社会内在的缓冲机制、疏导机制是有利的。

这里所说的是社会中的一种新的平衡力量，未把市场和政府包括在内。市场是一种平衡力量，它通过供求机制的作用而使资源得到有效配置，使各个生产要素的供给者之间维持一种平衡关系，即各自按照经过市场检验的、所提供的生产要素的数量和质量而取得收入。同时，市场也在交易双方之间维持一种平衡关系，即按照公平竞争的原则来协调买方与卖方的关系。市场是一种传统的平衡力量，但它至少有两个显著的局限性：第一，市场力量的平衡作用对于非交易领域内的各种活动和各种关系是不适用的，因为非交易领域不按市场规则来处理问题。第二，即使在交易领域内，市场的平衡作用也有局限性，因为市场调节仅仅考虑经济利益方面而不可能把一系列非经济因素考虑在内，但人不仅仅是"经济人"，还是"社会的人"，所以，在处理人与人之间的关系时，仅靠市场力量是不够的。

政府也是一种平衡力量。政府通过调节手段的运用，在协调收入分配，协调地区之间与部门之间的关系，以及协调经济增长与社会发展之间的关系时，有着市场调节所无法发挥的平衡作用。但是，正如前面所指出，政府调节除了有非理想化这一特点而外，还有另一个特点，即政府在处理人与人之间的关系时是以凌驾于个人之上的行政主管机构身份出现的，所以在发生某些社会纠纷时难以使冲突的双方都感到满意。人与人之间的纠纷或冲突并不是单纯依靠行政力量的介入就得以缓解的。加之，随着社会经济的发展和技术的进步，政府要在人与人之间的关系中起到平衡作用，已经越来越不容易了。以企业与职工之间的关系来说，如果在发生纠纷时政府介入了，这时，由于企业关心利润，关心经济效益，企业往往感到政府所维护的是遥远的东西，是自己只能享受到部分利益的东西，而自己为此付出的代价（如税金，根据政府的规定而承担的福利支出，在政府介入后提高了的工资标准等）过大。所以企业并不经常满意政府的行为，只是有时不流露而已。而职工有时则感到政府更关心的是企业，特别是在就业、工资、福利等要求未得到满足时，他们的不满情绪会更大，他们不像企业那样含蓄，而常常会流露出来。政府介入之后，企业与职工之间的矛盾在某些场合可能缓和一些，而在另一些场合甚至还有可能激化或深化。

那么，社会上新的平衡力量究竟在哪里呢？新的平衡力量如果存在的话，它又是如何起作用的呢？它能够起多大的作用？难道它没有局限性吗？……所有这些问题都值得我们探讨。

在《二十世纪的英国经济："英国病"研究》一书中，我们曾提出了这样一种观点：社会上的公众是一种新的平衡力量。[①]公众并不成为一个阶级或阶层。它包括了社会上一些不同阶级和阶层的成员。比如说，当政府、企业、职工三者之间发生矛盾而政府显得无能为力、企业显得无可奈何、职工又愤愤不平时，公众这个平衡力量就发挥作用了。公众是以社会成员的身份、公民的身份提出要求的。他们要求的是正常的社会秩序，是对公民合法权益的保障，是个人工作和家庭生活安定的环境与条件。假定某一个城市内，罢工

---

① 罗志如、厉以宁：《二十世纪的英国经济："英国病"研究》，人民出版社1982年版，第461—462页。

或游行示威活动使社会正常生活受到了损害，当孩子们上不了学，公共汽车或地铁停止运行，机场关闭，街头上的垃圾无人清扫，牛奶供应停顿，医院里不收病人，或者连水、电、煤气的供应都中断了的时候，公众便把这些看成是破坏秩序和违背法律的行为，从而减少了对本来可以给予同情的罢工者、游行示威者的同情，更不必说支持罢工者、游行示威者了。到那时候，连罢工者、游行示威者的妻子也会埋怨自己的丈夫，他们的孩子也会责怪自己的父亲，他们的亲戚、朋友、邻居都会出来说话。罢工者、游行示威者会感到自己被孤立了，感到自己脱离了群众。于是他们会自省：是不是罢工和游行示威的组织者、策划者的决策有问题？是不是做过了头？是不是应当"适可而止"、"见好就收"？所以公众成为社会经济生活中的一个新的平衡力量，这个平衡力量在悄悄地起作用，使社会矛盾逐渐走向缓解。

同样的道理，当企业造成环境污染，附近居民受到威胁和损害时，企业与附近居民之间的矛盾加深了。这时，政府有可能对企业施加压力，命令企业停产或关闭，但企业中的职工却可能因此而失业，于是职工又向政府请愿，要求再就业，政府在这种情况下常常处于两难境地，结果，企业、职工、附近居民都感到不满意。政府偏向这一方，另一方抱怨政府；政府偏向另一方，这一方又抱怨政府。公众是这种场合能够协调各方之间关系的一种平衡力量。公众之所以能够发挥协调各方关系的平衡作用，主要是因为公众总是从维护社会秩序的角度来考虑问题的，公众考虑得更多的是公共目标和公共利益。居住在污染地带附近的居民，是公众的一部分；造成污染的企业的职工，也是公众的一部分；政府是公众的代表选举出来的，要受到公众的制约；企业的管理层、决策层本身也是公众的组成部分,他们的行为同样要受公众的制约,这样,有关环境污染等原因所引起的社会矛盾都可以通过协商方式来解决而不致把问题弄得太僵、太绝。公众在这方面作为社会平衡力量的作用,是无形的,也是市场调节与政府调节都无法替代的。

那么,究竟客观上是不是存在社会内在缓冲机制、疏导机制?社会内在缓冲机制、疏导机制究竟在哪里?它是如何建立的?可以得出如下的结论:社会内在缓冲机制、疏导机制是存在的,它存在于公众对社会事务的关心和参与之中。公众越是关心社会事务,越是积极参与社会事务,公众作为社会平衡力量所起的协调作用就越重要,从而就越有助于化解社会矛盾,疏导社会的不满情绪。而要公众关心社会事务,积极参与社会事务,则又以公众对社会秩序的重视,对公共目标和公共利益的关心并愿意为之而努力作为前提。因此,公众越有社会责任感,越有公益精神,越关心社会事务,公众的社会平衡作用就越大。相反地,如果社会上多数人只关心自己而不关心社会秩序、公共目标和公共利益,缺少参与社会事务的积极性,那就谈不到公众的社会平衡作用,社会内在缓冲机制、疏导机制的建立也就异常困难。

公众发挥自己所特有的平衡作用的过程,同时也是个人适应于变动中的社会并建立与变动中的社会相适应的新观念的过程。社会上的个人都是相互影响的:既有积极的影响,也有消极的影响。假定社会上有较多的人重视公共目标和公共利益,并用自己的实际行动来促进社会的协调,那么在他们的影响下,会有更多的人关心社会事务,公众的社会平衡作用也将不断增大。这就是个人之间的积极影响的表现。反之,假定社会上许多人只关心自己而不关心社会,那么在他们的影响下,社会上会有更多的人也对社会事务采取冷漠的态度。这就是个人之间的消极影响的表现。可见，个人对社会事务的冷与热，或变冷与变热，都会受到周围的人的影响。个人越能适应变动中的社会，越容易接受与变动中的社会相适应的新观念，个人也就越有可能转变对人际关系的传统看法，而成为关心社会事务的积极参与者。这就是说，尽管社会上总有一些人对社会事务是冷漠的，但改变不了人们越来越关心社会事务的大趋势，改变不了公众的社会平衡作用逐渐加强的大趋势。

三、有形的社会安全阀和无形的社会安全阀

在对社会内在的缓冲机制、疏导机制有了较深入的了解之后，我们就可以进一步探讨与社会安全阀的建立有关的心理因素。

社会安全阀有的是有形的，有的是无形的。前面所谈的关于公众是一种新的平衡力量，对社会矛盾有化解作用，对社会不满有疏导作用，这就属于无形的社会安全阀之列。至于有形的社会安全阀，主要是指一种资源的存在，它可以缓解社会的冲突；或一种组织机构的存在，它可以对社会的不满情绪进行疏导；等等。

比如说，对国内外大片未开发地带的移民和开发，在历史上曾经起过社会安全阀的作用，即有了这片可供移民、开发的土地，社会上一批有能力而在现实环境中无法发挥出来的人到这片土地上去生产经营，从而缓解了社会矛盾；也可以让社会上一些有这种或那种不满情绪的人到这片土地上去寻找发展机会，从而减少他们的不满程度。当年北美作为英国的殖民地时，以及美国独立以后领土逐渐向西部扩张时，这一大片土地就曾经吸引了欧洲大量移民。移民的成分是复杂的，他们来自欧洲的不同国家，来自城市和乡村，有

穷有富，有贱有贵，但不管怎样，他们离乡背井来到北美，使家乡的社会矛盾因此有所缓解。北美成为欧洲的一个社会安全阀，在历史上持续了二三百年甚至更长的时间。[①]在中国历史上也可以找到不少例证。当年中国的东北就曾经容纳了山东、河北的大量拓荒者，广东、福建的城乡居民到东南亚一带开创自己的事业，这都使移民的原籍的社会矛盾有所缓解。这些事实也是不可否认的。尽管我们不能认为移民能够消除当地的社会矛盾，即不能过高地估计移民在解决社会矛盾方面的作用，但移民至少可以减轻当地的人口压力、就业压力、土地匮乏的压力，移民至少在一段时间内使社会的不满情绪减少了。从这个意义上说，国内外可供开发和移民的土地的存在，是一个可以持续一段时间的社会安全阀。

我们也应当承认，社会救济事业的发展、社会救济组织机构的存在和发挥作用，同样可以成为社会经济运行中的有形的社会安全阀。社会救济大体上分为三类，即政府（包括中央政府与地方政府）的救济、社区的救济、民间慈善团体的救济。这三类社会救济的共同点在于：通过社会救济款项的运用，有助于帮助灾民渡过难关，免于饿死、冻死；有助于扶植贫困家庭，增加谋生能力；有助于接济社会上的鳏寡孤独和残疾人，使他们生活上有所改善，等等。社会救济事业越发展，社会救济组织机构越能发挥作用，社会矛盾越容易化解。因此，社会救济事业和社会救济组织机构作为一种有形的社会安全阀，其作用是有目共睹的。

城乡居民的自治性群众组织，有可能成为另一种化解社会矛盾、疏导社会不满情绪的社会安全阀。为什么这里使用了"有可

---

① 参阅特纳：《美国历史上的边疆》，纽约1920年版，第259—260页。

能"三个字？这主要是同城乡居民的自治性群众组织变质与否有关。变质的群众组织不仅起不了缓冲社会冲突的作用，反而会加剧社会的冲突，因为群众组织的变质已经使得它的自治性质、群众性质荡然无存，这样的组织被某些人把持以后已成为欺压群众的组织了。如果城乡居民的自治性群众组织没有变质，它们能代表群众的意愿，代表群众的利益，凡涉及群众利益的事情都同群众商量，那么，它们就能够发挥化解社会矛盾、疏导社会不满情绪的作用。

以上所列举的对未开发地带的移民、社会救济组织机构、自治性群众组织，都是有形的社会安全阀。要使这些有形的社会安全阀有效地起作用，仍然不可忽视道德因素的重要性。正如前面曾经提到的，移民们在拓荒开发的过程中，需要有强大的凝聚力，需要有顽强的进取精神、创业精神，才能克服种种困难，使移民事业取得成就。社会救济组织机构的发展及其工作的开展，除了依靠从事社会救济工作的人员有高度责任心和爱心而外，还要依靠来自社会上热心公益事业、慈善事业的人们的慷慨捐赠。自治性群众组织之所以能够不变质，能够真正代表群众的利益来为群众办事，一方面是由于这些群众组织的领导人能严格自律，不辜负群众对自己的信任，认真负责，另一方面是由于群众出于对本组织的责任感，敢于坚持原则并同违背群众利益的行为抗争。由此看来，有形的社会安全阀的背后实际是道德力量的支持。没有道德力量的支持，有形的社会安全阀是难以发挥应有的作用的。

下面，让我们对无形的社会安全阀再进行一些考察。应当指出，人们心理上的、精神上的安全阀，也许是一种比有形的社会安全阀更为有效的安全阀。它既有化解社会矛盾的作用，又有引导社会思潮的作用。具体地说，人们心理上的、精神上的安全阀，是指人们对社会这个大群体的认同，对社会发展前景和生活前景的信心，即认为只要经过共同努力，社会发展目标是可以实现的，人们的生活状况会越来越改善，人们的聪明才智就会有施展的机会。人们对社会这个大群体的认同还体现在：如果现实生活中还存在着各种不尽如人意之处，那么这不要紧，通过改革，通过调整，通过社会制衡机制的建立与完善，不尽如人意之处将会减少或消失。有心理上的、精神上的安全阀，社会矛盾可以化解，社会思潮也会有正确的导向。这是市场调节、政府调节都无法替代的。

对任何一个社会来说，最可怕的莫过于存在一批绝望的人。从历史上看，某些人生活贫困、潦倒，生活在一种绝望状态之中，他们对前景丧失了信心。他们既然对社会、对个人前途都绝望了，对社会的认同也就无从谈起。绝望者的存在将给社会带来破坏性的影响，这种破坏性既可能表现于绝望者本人的各种破坏法律、破坏社会秩序的行为上，也可能表现为一种对周围的人有影响的消沉、沮丧情绪，从而使社会的活力减退。如果只是单个的绝望者，那么即使他绝望了，对社会经济发展的阻碍也不会很大。如果绝望的不只是少数几个人，而是较多的社会成员，那就会造成社会问题，社会需要耗费不少时间和精力来化解由此引起的社会矛盾，平息由此引起的社会不安。因此，对于社会经济运行中为什么需要有安全阀这一点，可以从减少绝望者人数和使绝望者消失的角度来加深认识。

观念的转变同人们心理上的、精神上的安全阀的形成有重要关系。前面已多次提到，道德力量的作用不仅在于对人们的行为进行规范和约束，而且也在于对人们的激励，在于促进个人得以自我发展与自我完善。以经济发展速度和经济发展程度作为判断是非的标准，当然是重要的，但从社会发展的方面来分析，还应当把是否对人的关心、尊重、培养作为是非判断的标准之一，因为在一段时间内，即使忽视了对人的关心、尊重、培养，经济也有可能以较快的速度增长，而从长时期考察，忽视了对人的关心、尊重、培养，经济的持续增长固然要受到阻碍，更严重的是将引起社会矛盾的加剧和社会不满情绪的滋长，最终会引起绝望者人数的增加并使社会动荡不安。观念转变的一个重要方面就是要把对人的关心、尊重、培养作为社会发展的目标，并作为是非判断的标准之一。只有这样，道德调节的功能才可以更充分地发挥出来，在社会经济运行中，心理上的、精神上的安全阀也就可以较顺利地形成。

四、从原有的平衡状态向新的平衡状态的过渡

社会总是从治走向乱，从乱又走向治，从治再走向乱。只是在不同的历史时期，在不同的情况下，治和乱都有程度的差异，有大治、中治、小治之分，有大乱、中乱、小乱之别。所谓治，无非是一种平衡状态的形成；所谓乱，无非是原有的平衡状态被打破。所谓"治—乱—治"，就是指原有的平衡状态在维持一段时期之后被打破了，然后又形成了新的平衡状态。

社会经济运行中的安全阀的作用，从某种意义上说，是有利于原有的平衡状态的维持，以及有利于在原有的平衡状态被打破以后再建立新的平衡状态的。这是因为，社会安全阀的存在可以化解矛盾，使矛盾不至于激化而达到不可收拾的地步。不管是有形的社会安全阀还是无形的社会安全阀，都具有这种作用。

由此我们将涉及一个重要的问题，即如何理解和解、折中、调和这些名词？在某些书籍里或在人们言谈时，调和肯定被看成是一

个贬义词，折中也常常含有贬义，特别是加上"主义"二字时更是如此，诸如"调和主义"、"折中主义"之类的用语多半是用于贬损的。实际上，调和也好，折中也好，都含有"矛盾宜解不宜结"的意思，和解更是如此。

一种新的平衡状态是如何形成并维持的？难道只不过是一方战胜另一方或一方吃掉另一方的结果？不一定如此。在某些情况下，新的平衡状态确实是一方战胜了另一方、吃掉了另一方之后而形成的。但在另一些场合，则很可能是双方和解的产物。和解，意味着各自后退一步，寻找某个共同点，求同存异，从而形成了新的平衡状态。调和、折中，其意义和作用与之相似。即使是一方战胜了另一方，或一方吃掉了另一方，难道新的平衡状态就此就形成了？建立了？并一直维持下去了？也不一定。通常的情况是：这仅仅是形成并维持新的平衡状态的一个前提。在这个前提下，仍然需要有所调和，有所折中，有所和解。新的平衡状态不可能是一种关系异常紧张的状态，否则新的平衡关系即使形成了，又能维持多久？因此，在一方战胜了另一方，甚至吃掉了另一方之后，紧接而来的通常仍然是这个大前提之下的调和、折中、和解。唯有这样，才能使新形成的平衡状态维持下去。

还有一种说法，即认为调和意味着怯懦和背叛。按照这种说法，似乎只有一直对抗下去，毫不妥协，才表明既不怯懦，又不背叛。显然，这是一种把本来错综复杂的社会环境极其不恰当地简单化的想法。社会是多元的，一个人或一个群体的利益和目标也是多元的。在这个复杂的世界上，并非只存在"要么是黑，要么是白"的两极状态，也许"非黑即白"的两极状态仅仅存在于某些理想主义者的理论模式之中。世界上固然有黑有白，但也有黄色、红色、绿色、灰色等。调和之所以必要，因为这意味着走向一种和谐。折中之所以必要，因为这表明中间状态的存在。和解之所以必要，因为这反映了有各种可能性可供选择。调和与怯懦、背叛是两类截然不同的概念，不可混为一谈。

我们可不可以得出如下的论断呢？一个缺少社会安全阀的社会，是一个难以维持社会稳定并且充满着危机因素的社会；一种只知道斗争、对抗而不知道调和、折中、和解的思想方式、行为方式，一旦成为某个社会中占主流地位的思想方式、行为方式，那么这样的社会也就难以建立起有效的社会安全阀，社会中的危机因素也就消除不了。必要的斗争、对抗，既是回避不掉的，也是社会所需要的，但社会同样需要有调和、折中、和解，甚至可以认为，调和、折中、和解经常存在，处处存在。没有调和、折中、和解，不仅建立不了社会安全阀，而且连社会的平衡状态也难以维持。

把调和贬为怯懦的人，本身就是另一种形式的怯懦者，因为他不敢正视多元化世界的现实，不敢面临这一现实的挑战，而只得以简单得不能再简单的方式来逃避现实，遁入自我设计的非现实世界中。

把调和贬为背叛的人，对他本人来说则是绝大的讽刺。谁没有抗争过？谁没有妥协过？抗争与调和都不可避免，该抗争时抗争，该调和时调和。现实生活中的人莫不如此，难道唯独把调和贬为背叛的人例外？

背叛当然是应受谴责的。但把调和视为背叛，却把两件绝不相同的行为混淆在一起了。混淆的结果，对社会显然有害。难道对这种混淆就置之不理，听之任之？我想谁也不愿得出这种结论。

第七章　道德重整与社会经济发展

第一节　韦伯理论引起的思考

一、韦伯对伦理因素的强调

在讨论习惯与道德调节在社会经济发展中的作用时，有必要联系德国著名历史学家、社会学家、经济学家马克斯·韦伯（Max Weber）的理论作一些探讨。韦伯一生写了不少著作，涉及的范围很广，尤其是他的《新教伦理与资本主义精神》一书[①]，是一部很有影响的世界名著。这本书在 20 世纪初年刚刚问世时，只是学术界中有人注意到它，而没有引起社会各界的兴趣。但第二次世界大战结束以后，特别是 60 年代以后，却在世界上掀起了一阵"韦伯热"。为什么会出现对韦伯本人及其学术观点的强烈兴趣？为什么这种兴趣是在韦伯去世后若干年才出现？这既同韦伯的论点有关，也同第二次世界大战结束后的形势有关。

---

① 　马克斯·韦伯：《新教伦理与资本主义精神》，于晓、陈维纲等译，生活·读书·新知三联书店 1987 年版。

韦伯的理论涉及经济发展的精神动力问题。他一方面强调经济发展中物质因素的重要性，同时更加强调精神因素的作用。他认为，精神动力来自伦理观念，而伦理观念往往同宗教的伦理联系在一起。有了精神的动力，经济发展就会加快。

根据韦伯的论述，资本主义精神是资本主义社会产生的前提。在西欧的社会经济发展过程中，如果没有新教伦理，就不会有发展资本主义的精神动力，从而也就不会有资本主义社会。他是这样进行分析的：

资本主义为什么首先兴起于西欧而不是南欧？从历史上看，南欧的经济发展较早，意大利在十四、十五世纪就已经出现了繁华的商业城市，手工工场也已产生，但南欧的经济始终没有越过封建主义的界限，跨不过资本主义入门的门槛。韦伯认为，这只有从宗教伦理着手分析，才能找到正确的答案。旧教统治着南欧，旧教的影响渗透到南欧社会的各个领域。按照旧教的观点，人是上帝的仆人，人都是有罪的，那该怎么办呢？一是要苦苦修行、禁欲，以便赎罪；二是把钱捐给教会，这也是为了赎罪。在当时，教会出售的赎罪券，"是对仍须受惩罚的罪恶的全部赦免或部分赦免，否则要在现世或炼狱中受罚，即使罪人经过苦行赎罪圣礼，罪行已获赦免，亦在所难免。蒙受圣恩是一个必不可少的先决条件。此外，教会还规定要祈祷、斋戒和克己，以及从事各种善行，如捐赠和施舍，朝拜各个教堂，出钱朝圣，兴办慈善事业甚至公益事业，如建造教堂、桥梁、道路和堤坝。这种做法本应有助于促进宗教事业的发展，但实际上它成为教会横征暴敛的许多手段之一"。①

---

① 波特编：《新编剑桥世界近代史》，中国社会科学院历史研究所编，第 1 卷，中国社会科学出版社 1988 年版，第 122 页。

在韦伯看来，无论是苦苦修行、禁欲还是把钱财捐赠给教会，都不能促进经济的进一步发展，不能导致资本主义的产生。旧教伦理被认为无法产生资本主义精神，从而无法把社会带入资本主义阶段。韦伯指出，尽管商业曾造成南欧经济的一度繁荣，但支配着社会的是中世纪的天主教伦理。"圣·托马斯将追求财富的欲望斥为卑鄙无耻（这一用语甚至还用来指责那种不可避免的因而在伦理上是完全正当的获利），他的这一论点在当时被奉为真理"。① 在这一教义统治着人们思想的地方，即使有些人经商赚了钱，但仍摆脱不了旧教伦理的束缚，"只要他们不肯放弃教会的传统，他们毕生从事的工作充其量不过是某种在道德上毫无建树的东西……各种资料表明，富人们往往在临终之际将巨额钱财捐献给教会，用心补赎自己良心上的愧怍"。② 更有甚者，"中世纪的伦理观念不仅容忍乞讨的存在，而且事实上在托钵僧团中还以乞讨为荣。甚至世俗的乞丐，由于他们给有钱人提供了行善施舍的机会，有时也被当做一笔财产来对待"。③ 这种伦理观念怎能促进资本主义的产生与发展？

在南欧经济曾经兴盛的同时，在东方国家，尤其是中国，经济可能更加繁荣、兴旺。那么，资本主义为什么没有产生于当时的中国呢？韦伯认为这也可以从宗教伦理中得到解释。东方的、中国的宗教伦理被认为是不适宜产生资本主义的。比如说，佛教徒重来世而不重现世。来世是渺茫的，轮回之说不可信，重来世的思想无论如何不可能导致资本主义的产生。再如，道教是中国土生土长的宗

---

① 马克斯·韦伯：《新教伦理与资本主义精神》，于晓、陈维纲等译，生活·读书·新知三联书店 1987 年版，第 53 页。

② 同上书，第 54 页。

③ 同上书，第 139 页。

教，道教主张清静无为，清静无为的思想显然对资本主义的产生不利。以后，道教的思想还有如下的转变，如社会上层信奉道教，是为了长生不老，个人享乐；农民起义军信奉道教，所追求的是平均主义，这同样不利于产生资本主义。

韦伯把儒家思想称做儒教，在东方，尤其是在中国，儒家思想的影响大，但儒家注重修身，追求个人道德的完善化，希望以精神上的满足来替代对物质利益的追求。以后，儒家思想成为封建社会的正统之后，宣扬忠君和牺牲自我，以商为耻，以富为耻，这是一种不适合资本主义产生与发展的伦理观念。正是在这种伦理观念的支配下，广大的中国平民百姓对生活中的贫困较易忍受，对艰苦的环境有忍耐力，以农业为本的现实被认为理所当然，对商业利益的追求却受到鄙视，努力积累财富以发展经济的愿望和动力大大减弱了。因此，尽管中国在历史上曾经是繁荣的，但中国不可能产生资本主义。在儒家思想占统治地位的情况下，中国迈不过进入资本主义大门的门槛。①

那么，为什么资本主义于十六、十七世纪能在西欧国家，例如荷兰和英国产生呢？韦伯指出，这是由于荷兰和英国都是新教国家，新教伦理孕育了资本主义。根据新教伦理，人是上帝的仆人，人都是有罪的，需要赎罪。靠什么来赎罪？只能靠工作勤奋，生活节俭，积累财富。工作，是为上帝而工作，所以必须勤奋，不怕艰苦。生活节俭，是为了积累财富，积累财富又是为了把事业的规模扩大，因此，积累财富也是为了上帝。事业上的成就越大，表明为

---

① 关于资本主义的起源和中国封建社会长期存在的问题，我在《资本主义的起源：比较经济史研究》（商务印书馆 2003 年版）一书中进行了详细的论述。

上帝服务的工作做得越好，工作越有成绩。至于消费，那是服从于积累的。清教徒们总是衣着朴素，不尚奢华，某些清教徒团体甚至以甘愿一辈子节俭生活但一辈子勤奋工作来表明自己的决心。但这种立誓节俭的许诺和实际行为，既不同于旧教徒中一些人的苦行，也不同于中国信奉儒家思想的人的安于清贫。旧教中的那些苦行者，以苦行本身来赎罪，他们不开创事业，更不会积累财富把事业越做越大。中国信奉儒家思想的人安于清贫，是为了使个人的道德操行臻于完善，他们所崇尚的、追求的是做清官，做好官，忠于君主，爱护黎民，而不是开创事业，也不是积累财富。新教的伦理观念则是：勤奋、节俭、积累财富，都是人们最好的赎罪方式，勤与俭是同开创事业、积累财富相联系的。一辈子过节俭生活但一辈子勤奋工作，积累的财富越来越多，成就也越来越大。

韦伯认为，西欧的资本主义正是在这种新教伦理的指引下产生与发展起来的。关于这一点，韦伯有如下的论述："在清教徒的心目中，一切生活现象皆是由上帝设定的，而如果他赐予某个选民获利的机缘，那么他必定抱有某种目的，所以虔信的基督徒理应服膺上帝的召唤，要尽可能地利用这天赐良机。要是上帝为你指明了一条路，因循它你可以合法地谋取更多的利益（而不会损害你自己的灵魂或者他人），而你却拒绝它并选择不那么容易获利的途径，那么你会背离从事职业的目的之一，也就是拒绝成为上帝的仆人，拒绝接受他的馈赠并遵照他的训令为他而使用它们。"[①] 这一段话充分反映了"为上帝而辛劳致富"的新教伦理观。

---

① 马克斯·韦伯：《新教伦理与资本主义精神》，于晓、陈维纲等译，生活·读书·新知三联书店 1987 年版，第 127 页。

也许更能说明问题的是清教徒对贫穷的认识。"清教徒时常争辩说，期待自己一贫如洗不啻是希望自己病入膏肓；它名为弘扬善行，实为贬损上帝的荣耀。特别不可容忍的是有能力工作却靠乞讨为生的行径，这不仅犯下了懒惰罪，而且亵渎了教徒们所言的博爱义务"。[①] 这正是新教伦理同旧教伦理以及东方伦理的重大区别。

二、"韦伯热"的原因

如何评价韦伯的理论？在资本主义起源问题上，有各种各样的解释。韦伯的解释不同于其他学者之处，主要在于他对伦理因素的强调，也就是对文化因素的强调。

根据韦伯的理论，旧教伦理同资本主义精神是不相容的，所以旧教国家的资本主义经济不容易发展。但持有不同观点的人却争辩说，法国不也是旧教国家之一吗？为什么法国经济后来会迅速发展呢？为什么法国的资本主义不比新教国家逊色呢？法国资本主义经济的迅速发展，也许首先应当归功于政治因素，即1789年革命对旧制度的打击为法国资本主义经济的发展开辟了道路，可见，过分强调伦理因素未必是一种正确的解释。

根据韦伯的理论，在东方国家，由于宗教伦理的影响，资本主义是难以发展的，比如说，儒家伦理就很难同资本主义精神相容。但持有不同意见的人却反驳道，历史实践已经表明，资本主义经济的迅速发展不限于新教国家，东方的日本、韩国、新加坡等国都有

---

① 马克斯·韦伯：《新教伦理与资本主义精神》，于晓、陈维纲等译，生活·读书·新知三联书店1987年版，第127页。

自己的文化传统，它们的资本主义经济迅速发展起来了，可见，资本主义既可以同新教伦理相容，又可以同儒家伦理相容，甚至儒家伦理同资本主义的结合会创造出更大的奇迹等。

尽管如此，韦伯理论仍被学术界评定为是有价值的。即使对韦伯理论持不同意见的人，也承认韦伯的理论给人们以不少启示。韦伯强调伦理因素、文化因素的作用，实际上所提出的是一个多因素促成制度转换和经济发展的模式，即伦理因素、文化因素唯有同社会、政治、经济等因素综合地起作用，才导致资本主义的产生与发展，从而摒弃了那种把经济或政治视为单一的决定性因素的资本主义起源论。

第二次世界大战结束以后世界范围内的"韦伯热"的形成，既同第二次世界大战结束以后的世界政治经济形势有关，又同韦伯对伦理因素、文化因素的强调有关。第二次世界大战结束后，日本、德国战败后面临重建的迫切任务，亚洲、非洲出现了一些新独立的国家，要求加快发展经济，走上现代化道路。人们从韦伯的著作中所得到的重要启示是：要发展经济，必须有一定的精神的动力。没有精神的动力，经济是上不去的。这里所说的精神的动力，当然不限于韦伯所讨论的新教伦理，而可能是同本民族的传统文化相适应的一种伦理观念。但从新教伦理中，也可以找到某种对应物。比如说，新教伦理中的"天职"观念就是可以借用的。"天职"是指：每个人都要勤于本职工作，忠诚于本职工作，这是个人的道德义务。尽管这是人们在世俗环境中的工作，但人人都有责任把这项工作做好，因为这就是为上帝而工作。新教伦理是这样教导人们的，那么新教以外的其他伦理观点又是怎样教导人们的呢？不管它们是不是采用"天职"这个概念，但对应物仍然存在，这就是把为上帝工作转换成为国家、为民族、为社会而工作；使国家富强，使民族振兴，使社会繁荣昌盛，成为每个人应尽的责任，人们勤于本职工作，忠诚于本职工作，就是向国家、民族、社会尽到了义务。经济发展中需要有精神的动力，这就是精神的动力。

又如，在新教伦理中，个人财富积累在道德上本来是无可非议的。积累财富本身无罪，只有财富被用于骄奢淫逸的个人享乐时才有罪，财富的积累如果造福于人类，则被认为是对上帝的奉献。新教的这一伦理在新教以外的伦理中也存在，这就是：可以而且应当积累财富，只要财富是通过正当途径得到的，那也无可非议。而且，如果财富的积累对发展经济有利，那就是对社会作出贡献。可见，尽管其他伦理在形式上与新教伦理不一样，但实质并无区别。这就使得人们对韦伯的著作不仅感兴趣，而且感到有所借鉴。

三、韦伯理论与历史进程的合理性

在研究现代化进程时，人们常常提出如下的问题：为什么工业革命在不同的国家和地区有不同的发展过程？是哪些因素促成了这个国家或那个国家的工业革命？在促成工业革命的若干因素中，最重要的因素是什么？研究者们由于观点的不同而会提出不同的因素作为最重要的因素，韦伯的理论是若干种有关现代化的理论中的一种。但韦伯给人们的主要启示在于：一个民族，虽然在某个发展阶段已经具备了物质技术条件，但如果不具备意识形态方面的条件，不具备伦理道德观念方面的条件，如果缺乏产生工业革命或现代化的精神的动力，那么工业革命仍然难以发生，现代化的进程即使开始了，也会受阻、中断。换句话说，韦伯理论告诉人们，在工业革命的背后、现代化进程的背后，存在着一种不易被察觉的、无形的精神力量，它引导人们去努力争取经济的果实，鼓励人们孜孜不倦地去开拓、经营，获取利润，积累财富，再创新业。

按照韦伯的理论，既然资本主义代表着一种精神、一种理念，而这种精神、理念将促使人们去开拓、进步，那么韦伯的理论就出现了一个内在的矛盾，这就是：有什么理由把资本主义说成是西欧新教文明所特有的现象呢？至多只能得出这样的结论：十六、十七世纪在西欧产生了资本主义，那仅仅是历史中出现的第一个例证，可以用以说明伦理观念对经济发展的重要意义，但不能说明只有新教伦理才能产生资本主义，才能推动现代化的进程。旧教伦理是可以变的，也可以从新的角度来解释，具体地说，中世纪那种向教会购买赎罪券的做法、那种苦苦修行以求解脱和赎罪的做法是可以放弃的，后来不也被旧教徒中的绝大多数人所放弃了吗？从新的角度来解释、领悟旧教伦理，资本主义不也在旧教国家中迅速发展起来了吗？同样的道理也适合于儒家伦理同东方国家经济发展之间关系的解释。这正是 20 世纪中期以后学术界研究的热点问题之一。

按照韦伯的理论，工业发展的过程同时也是人际关系的调整过程，前工业社会的人际关系，如等级关系、世袭关系、家族统治、人身依附等，都不利于工业发展。因此，资本主义要在某个国家内取得支配地位，工业要有较大发展，人际关系也必须相应地变革，这种变革往往是同伦理观念的转变相伴而行的。韦伯这种把社会经济发展同人际关系的变革、伦理观念的转变紧密地联系在一起的分析，十分精辟。这就是说，在任何一个重大的历史事件的背后，都存在一种无形的精神力量，哪个民族缺乏这种精神力量，那里的经济就死气沉沉；哪个民族有这种精神力量，它就有迅速成长的希望。谁要想迅速发展经济，就必须培育和发展这种精神力量。新教文明以外的地区，例如第二次世界大战结束后亚洲、非洲新独立的国家，如果找不到同当年的新教伦理相对应的精神力量的话，发展只可能迟缓、滞后，而一旦培育和发展了相应的精神力量，后进国家赶上先进国家就是有希望的。

从韦伯的理论研究所得到的一个重要启示是：对现代化问题的深入研究要求在社会、经济、文化、伦理、政治等领域内开展广泛的探讨，仅仅拘泥于政治或经济领域内是远远不够的。中国学术界中一些对韦伯的著作感兴趣的人几乎全都察觉到了这一点。他们认为，韦伯的著作所给予中国现代化研究者的启发，与其说是韦伯的理论本身，不如说是韦伯所提供的一种可以用来分析历史进程的方法。

从韦伯的理论还可以引申出一个重要的问题，这就是对历史进程的合理性的认识。什么是历史进程的合理性？按照韦伯的理论，这是指人们的行为或社会的行为从激情转入了理性。人们本来没有明确的目标，原始社会就是如此。当时，只要饿不死，冻不死，不被野兽吃掉，能活下来，就行了。这谈不上有什么明确的目标。后来，尽管社会发展了，经济活跃了，但人们仍然是以生存作为目标，以繁衍后代作为目标。个人的生命是有限的，家族的生命是无限的，因此生存与繁衍便成为目标，整个传统社会都这样。这仍然不是明确的目标。只有当社会越过了传统阶段，进入现代文明阶段之后，历史进程的合理性才显现出来，因为只有到了这个时候，人们才认真地思考自己的目标，使行为的目标理性化。例如，在新教伦理中，工作勤奋，生活节俭，积累财富，创造事业，以尽"天职"，这就是行为目标的理性化。在新教文明以外的伦理观念中，同样存在着为一定的目标而工作和生活的精神动力，行为目标也趋向理性化。人类社会总是从缺乏明确的目标走向明确的目标，历史进程的合理性总是越来越明朗的。这就是历史发展的规律。

韦伯的理论在这方面告诉我们什么呢？归结起来就是这样一点：历史进程的合理性体现于人们的行为、社会的行为逐渐有了明确的目标，而不限于生存和繁衍；假定缺少精神力量，没有一定的伦理观念作为行为目标理性化的内核，社会的持续进步将是不可能的。

第二节　道德重整的迫切性

一、新文化、新伦理对旧文化、旧伦理的代替

让我们从关于韦伯理论的讨论转到对中国现代化问题的讨论上来。在中国现阶段，道德重整是一个迫切任务。

道德重整实际上是一个如何以新文化、新伦理代替旧文化、旧伦理的问题。扼要地说，旧文化以神为中心，以官为中心，新文化以人为中心；旧文化强调的是崇拜，是权力，是依附，新文化强调的是科学，是知识，是自立自尊。旧伦理维护的是旧文化、旧秩序，新伦理维护的是新文化、新秩序。

正因为旧文化强调崇拜、权力、依附，所以旧文化本质上必然是一种神化的、官本位的文化，而由于新文化强调科学、知识、自立自尊，所以新文化必然以人的利益为出发点，以尊重科学和尊重知识为出发点。这是新旧文化的最重要的区别。

从政治上说，可以把 1949 年作为一条分界线，但从文化的角度来看，这条分界线远不是那么清楚的，因为旧文化在 1949 年以前固然长期存在过，而在 1949 年以后，旧文化却并未消失，只不过其中有些内容采取了新的形式。无论是 1949 年前的旧文化还是 1949 年以后以新形式出现的旧文化，其共同点都是迷信，对权力的膜拜，而不以科学为出发点，不以人为中心。正由于旧文化在中国历史上长期占据支配地位，它在经济中有坚实的基础，它在封建主义的土壤中扎根扎得太深了，所以 1949 年以后，除了原来的旧文化照样存在而外，又增添了新形式下的旧文化。我在《中国经济往何处去》一书中，把 1949 年以前的旧文化称做"标准的旧文化"，把 1949 年以后出现的新形式下的旧文化称做"改装的旧文化"。① 从 20 世纪 50 年代到 70 年代末这段时间内实际存在于中国的，就是这两种旧文化。其中，"文革"时期（1966—1976 年）是"标准的旧文化"与"改装的旧文化"两者并存和巧妙地结合的典型时期。这种情况在世界其他一些国家的历史上某个阶段内也曾出现过，但在 20 世纪 60 年代与 70 年代的中国却最为明显。

旧文化当然需要清除，但旧文化要靠什么来清除？人们常说，经济发展是必要的，人均收入水平上升是不可少的，经济发展和人均收入提高后，旧文化所借以生存的贫困状态消失了，清除旧文化就会容易些。这种观点不是没有道理的，但仍有较大缺陷。单纯依靠经济发展和人均收入的提高不足以清除旧文化。20 世纪 60 年代中期同 1949 年相比，中国的经济发展了，人均收入水平上升了，但旧文化的影响消除了吗？没有。不仅"标准的旧文化"没有退出历史舞台，甚至又增添了"改装的旧文化"。这些难道不值得反思吗？

---

① 厉以宁:《中国经济往何处去》，香港商务印书馆 1989 年版，第 124 页。

由于旧文化否定人作为社会主体的地位，旧文化以愚昧、盲从、迷信为特征，所以要真正清除旧文化和促进新文化的发展，最重要的是变革旧文化赖以栖身的体制，特别是要改变"标准的旧文化"和"改装的旧文化"两者得以滋长的体制。体制的变革比经济发展更重要。在体制变革的基础上，在发展经济的同时发展教育，在人均收入水平上升的同时提高人们的教育水平，对旧文化的清除工作才会有效。而且，教育的目的不仅仅是传授知识和技能。更重要的是提高国民素质，把"以人为本"和"人的现代化"作为一项主要内容。没有"以人为本"和"人的现代化"就谈不上社会经济的现代化和科学技术的现代化，也不可能以新文化、新伦理代替旧文化、旧伦理。

要知道，旧文化、旧伦理除了依靠人们的愚昧、盲从、迷信来维持而外，还要依靠有形或无形的等级制和身份关系来维持，这种等级制和身份关系就是旧体制的组成部分。以农村来说，农村历来是"标准的旧文化"的势力最顽固的地盘，也是身份关系最严格的场所。身份关系同传统的价值观念、伦理观念紧密地联系在一起。神权、绅权、族权、夫权的统治为什么不易打破，这些都与传统价值观念、伦理观念所支撑的身份关系有关。在农村中，如果不破除传统价值观念、伦理观念，不破除相沿已久的身份关系，"标准的旧文化"就会一直存在下去。在城市中，等级制和身份关系往往是无形的，它们也使得人们受到传统的价值观念、伦理观念的束缚。同时，也正因为城市中的等级制和身份关系往往是无形的，所以它们不易被人们察觉，甚至会被一些人默认而不敢或不想触动它们。制度变革中一场持久的冲突，很可能发生在价值观念、伦理观念的领域内。"以人为本"和"人的现代化"意味着人们对等级制和身份关系的摒弃，树立个人与群体之间的新关系，包括认同关系、协作关系、契约关系等。只有了解了这些，我们才能懂得道德重整的深远意义。

旧体制不会自动瓦解，旧传统、旧势力不会自行消失，旧文化、旧伦理还可能以改装的形式出现。20世纪60年代内，一批年轻人曾经以"破四旧"的名义参加了"文化大革命"。他们是被愚弄、被欺骗的一代，他们参加的是名为破除旧文化，实为维护旧文化，特别是"改装的旧文化"的逆流。愚昧、盲从、迷信，再加上偏激，使他们成为旧文化的维护者和新文化的毁坏者。幸而冷酷无情的现实使他们中的大多数人较快地醒悟过来了，使他们中的大多数人真正领悟到自己最终成为旧文化的受害者。历史就是这样冷酷无情，难道每一个人不应当从1949年以后"改装的旧文化"这个怪胎的孕育、出生到成长的过程中汲取教训吗？

新文化、新伦理怎样才能代替旧文化、旧伦理？除了前面所提到的要依靠制度变革，依靠发展经济和发展教育而外，还必须让人们深刻懂得旧文化的害处，包括"标准的旧文化"的害处和"改装的旧文化"的害处。一些曾经受旧文化的蒙蔽、愚弄的上山下乡的知识青年，后来之所以会成为最痛恨旧文化的队伍中的一员，不正说明了这一点吗？

然而，旧文化、旧伦理被新文化、新伦理的代替，远不是那么容易的。这涉及道德重整问题，而道德重整很可能不是一两代人就能完成的任务。

二、道德重整与"第二次创业"

不能否认1949年以后经济建设的巨大成就。1949年以后的相当长一段时间内，中国的文化领域似乎是鱼龙混杂的格局：一方面，

"标准的旧文化"继续存在，继续发生影响，而"改装的旧文化"则以较快的速度在滋长，其影响越来越明显；另一方面，代表着时代精神的新文化也在成长之中，并且同样地对人们产生影响。这段时间内中国经济建设的成绩同成长中的新文化的影响是分不开的。

　　具体地说，在中国社会经历了长期战乱之后，好不容易盼来了新政权的建立，人们渴望国家从此强盛，民族从此振兴，人们有一种强烈的创业精神、进取精神、奉献精神，并有信心通过自己的艰苦努力来创造美好的未来。这种创业、进取、奉献的精神，无疑是当时正在成长之中的新文化、新伦理的体现。如果借用韦伯的理论来叙述的话，那么可以认为，当时在中国社会上已经产生了类似韦伯所说的"天职观念"。为了国家的繁荣昌盛，为了让广大人民的生活越过越好，所以当时有许多人自愿地到边疆去，到偏僻的地带去，到艰苦的环境去，勤奋工作，不计报酬，因为在他们看来，这就是"天职"。我们可以把这种精神称做"第一次创业精神"。有了"第一次创业精神"，才有"第一次创业"的实践，也才会有经济建设的成绩。

　　为什么"第一次创业精神"未能持久保持呢？原因很多，从体制上说，计划经济体制扼杀了人们的积极性、创造性，使平均主义思想得以滋生。而从意识形态领域来看，把人们的精神挫伤了，进取、创业的热情消失了。"文化大革命"期间，人们没有发展经济的积极性呢。当人们看到创造性被践踏和进取心被扼杀的情况已经越来越普遍的时候，哪里还有奋不顾身地投身于经济建设的热情呢？精神上的创伤绝不是短时期内就能治愈的。于是到了"文化大革命"的后期，社会上不少人在精神上处于一种空虚状态，仿佛把什么都看淡了，看穿了，看透了，得过且过，无所作为。这种虚无、颓丧、消极的思想至今仍有一定的市场。而在"文化大革命"

结束，逐步转入以市场经济为目标的改革开放过程中，由于经济利益的驱动，有些人又从这个极端转到另一个极端，不顾商业道德和职业道德，大赚昧心钱，或者公开声称个人利益至上，金钱第一，金钱万能，以此作为人生信条。这两个极端都是与现代化建设的目标不符的。在这种情况下，提出"第二次创业"和培育、树立"第二次创业精神"尤其必要。中国经济的进一步发展，必须有精神上的动力，要在社会上树立如何为中国的繁荣昌盛而奋发图强的观念，为实现现代化目标而努力的思想。韦伯理论中如果说有一些可供我们思考和给予启示的话，那么最重要的启示应当是——没有精神的动力，经济就难以取得新的突破。

由此涉及近来社会上议论颇多的道德沦丧问题。究竟怎样看待道德沦丧的原因？在这个问题上，我们应当多一些理性的分析，而不能仅仅从感情出发。必须指出，在任何一个时代，任何一个地方，都会出现道德败坏、无恶不作的人，只不过有的年代多一些，有的年代少一些，有的地方多一些，有的地方少一些而已。道德沦丧的原因是复杂的，而且是多种情况，不能用某一因素来代替综合分析。历史上的例证就不必再提了，我们需要弄清楚的是，为什么在中国这块土地上，在经历了1949年以后一段时间良好的社会风尚之后，后来却会出现不少不顾道德的恶行呢？为什么良好的社会风尚逐渐褪色了呢？这是值得深思的。道德重整问题的提出，与此有直接的关系。

良好的社会风尚的褪色是从虚伪开始的。人们虚伪以后，假话充斥，真话绝迹，人以虚伪面貌待人，道德便被扭曲了。那么，为什么人们会变得虚伪了呢？实际上，虚伪分为两种类型，一种是自觉的虚伪，另一种是被迫的虚伪。自觉虚伪的，毕竟只是极少数人。大多数人是被迫虚伪。还有一部分人介于自觉虚伪与被迫虚伪之间，或者说是半自觉虚伪、半被迫虚伪。被迫虚伪只不过是一种自保、自卫的做法，并无害人之心，是不得已而为之。这可以称做"道德的扭曲"。自觉虚伪就不同了，这不是为了自保、自卫，而是另有所图，借虚伪而牟取私利。这可以称做"道德的沦丧"。无论是被迫虚伪还是自觉虚伪，都是对人的本性的一种背叛。这种背叛，前一种情况下应归因于环境的压力，后一种情况下则主要归因于私利或贪婪的作祟和驱使。当然，不虚伪的人，即使在环境最恶劣时，也是存在的。但在环境恶劣这个大气候中，他们难以扭转良好的社会风尚逐渐褪色的趋势。这时，社会上大多数人不得不被迫虚伪。

　　一个典型的例子是"文化大革命"后期如何看待当时国内的政治经济形势。说假话的人中有被迫的，也有自觉的。被迫说假话，只不过为了保全自己，不至于落得与说真话的人同样的下场。被迫说假话，也可能是一种策略，即今天说假话是为了以后有机会再说话，否则以后连说话的机会都没有了。对于被迫说假话的情形，在当时的环境下是完全可以谅解的，但即使如此，也会对良好社会风尚的褪色起着不好的作用。至于自觉说假话的，与此有所不同。他们不是为了保全自己，而是明知当时国内经济形势很糟，却一定要说当时的经济形势怎么好，什么"莺歌燕舞"，什么"历史上从来没有这么好过"，等等，这种自觉的虚伪是为了奉迎、献媚，为了由此获取个人的利益。自觉虚伪的人中间，还有一些则以捏造事实为能事，陷害他人以达到个人的目的。良好的社会风尚的褪色、一些人道德的沦丧，应由形形色色的自觉虚伪者负更大的责任，特别是当他们自觉虚伪的做法一时得逞，并且还得到了奖赏时，就对社会产生了恶劣的示范效应，加速了社会风尚的败坏、道德的败坏。

　　道德重整问题正是在经历了将近二十年的"反右"、"反右倾"、"文化大革命"等政治运动，使社会的道德严重扭曲之后被提出的，也是在走上改革开放的道路，人们感到"第二次创业"的迫切性和树立"第二次创业精神"的必要性后被提出的。

第三节　道德重整的长期性

一、道德重整与国民素质的提高

　　通过以上的分析，我们可以了解到，当前，道德重整之所以具有迫切性，不仅同旧文化（包括"标准的旧文化"和"改装的旧文化"）的顽固及其对社会的严重影响有关，而且同社会上存在的空虚、颓丧、怀疑或茫然不知所措的情绪及其滋长有关。道德重整意味着要建设新文化、新伦理以取代旧文化、旧伦理，也意味着要培育和树立"第二次创业精神"，提高国民素质，使现代化进程中产生一种精神的动力。

　　虽然新文化、新伦理终将在经济发达的基础上确立并发展，但道德的重整不能等到经济发展以后才作为任务而提出。从现实生活着手，不断提高国民素质，着力于道德重整的实践，这才符合中国的实际。由于道德重整以及新文化、新伦理对旧文化、旧伦理的取代都不是短期内就能完成的，所以我们应当理解道德重整的长期性。另一方面，道德重整的长期性不等于现阶段在道德重整方面是无所作为的或不可能取得成就的。道德重整的迫切性表明从现在起就必须着手于道德重整工作。

消极等待的想法固然不对，但急躁情绪也同样错误。新文化、新伦理取旧文化、旧伦理而代之，是历史发展的趋势，却不会迅速实现。新文化的胜利意味着社会从"物的时代"过渡到"人的时代"。新文化发现并尊重人的价值，承认以人为中心而不再以物为中心，这是一个长期实现的过程。就中国来说，由于封建主义曾经在长达千年以上的时间内支配着社会的意识形态和人们的生活，而在计划经济体制之下旧文化还以"改装了的形式"存在过，并一度使人们误认为这就是一种崭新的文化，因此，新文化的胜利远比人们想象的要艰难。在中国，在道德重整过程中，不仅要着重于调整人际关系，调整人与物之间的关系，更重要的是要使人们自身建立一种信念，即只有对人生的价值和意义有新的认识，才能做到"人的解放"，才会产生发自内心的道德激励与道德约束，也才会产生强烈的进取精神、创业精神。

在这里，还有必要考察一下道德标准的问题。这就是：在生活中往往有两个道德标准，一是对内道德标准，二是对外道德标准。关于对内道德标准与对外道德标准的区分，可以参看马克斯·韦伯在《世界经济通史》中的有关论述。他写道："我们到处都可以看到一种原始的、严密的整体化内部经济，以致在同一部落或氏族的成员之间就根本不存在经济行动自由的问题，但在对外贸易方面有绝对的自由。"[①] 这表明，在一个群体内部，可能存在着一种内部的道德标准，对什么事情有自己的一套规定，哪怕在原始的部落中都如

---

① 马克斯·韦伯（该书译为马克斯·维贝尔）：《世界经济通史》，姚曾廙译，上海译文出版社 1981 年版，第 265 页。

此，而在对外交往中，则又有另一种道德标准，即对外道德标准，用不同的标准来规范成员的行为。韦伯接着写道："相形之下，西方资本主义的第二个特征就是消除内部经济和外部经济、对内道德标准和对外道德标准之间的界限，以及把商业原则连同在这个基础上的劳动组织纳入内部经济。"① 这段话对于了解道德重整的长期性是有启发的。

把对内道德标准与对外道德标准之间的界限消除，同一个社会或一个团体的对外开放程度有直接的关系。社会对外开放程度越高，对内道德标准与对外道德标准就越容易合而为一，资本主义社会的发展过程证实了这一点。对一个团体来说，情况同样如此。如果一个团体是严格封闭性的组织，那么不管团体的性质如何，它的对内道德标准与对外道德标准之间的界限总是明显的，适用于对内的道德标准不一定适用于对外，适用于对外的道德标准也不一定适用于对内。只有随着该团体的封闭性的减弱，两种道德标准之间的界限才会逐渐淡化。

中国正在经历从计划经济体制向市场经济体制的转变。在计划经济体制下，基本上采取的是封闭社会的模式。对于社会成员，两种道德标准的区别是清晰的。同一种行为，在对内时被认为是违背道德标准的，在对外交往时可能被看成是可以容许的行为；同一种言论，在对内时被看成是可以容许的，在对外交往时可能被认为是违背道德标准的。多年以来，社会成员已经习惯了这些区别，因此不去考虑这里所存在的矛盾或不一致会对社会风尚产生什么样的影

① 马克斯·韦伯（该书译为马克斯·维贝尔）：《世界经济通史》，姚曾廙译，上海译文出版社 1981 年版，第 265 页。

响。可以简要地说，社会上对内与对外两种道德标准的存在并被社会成员作为一种习惯而认同，实际上是一种道德的扭曲：功利主义压倒了对是非的判断，道德规范服从于政治经济的需要。

问题还不止于此。在人们不能以诚相待，不能表里一致，不能按照内心的道德判断来调节自己的行为的情况下，再加上社会上存在着对内道德标准与对外道德标准的明显界限，于是问题就变得更加复杂。这是因为，两种道德标准的存在已经是一种道德的扭曲了，如果人们仍然被迫虚伪，不得不说假话来保全自己，那就是道德扭曲的加剧；如果一些人仍然自觉虚伪，企图借此获取私利，那就是在道德扭曲基础上的道德沦丧。于是两种道德标准很可能变成多种道德标准或多种道德的表现形式，真真假假，真假难辨，真就是假，假中又有假，这正是我们在转入改革开放之初不得不面对的现实。只有承认这一现实，才能对中国的社会心态有比较深入的了解，也才能懂得道德重整工作的艰巨性和长期性。

二、道德重整：空想与现实

马克斯·韦伯曾以新英格兰清教徒的创业过程为例，说明新教伦理在促进资本主义产生与发展中的重要作用，并由此论证道德规范的确立的意义。关于韦伯这一理论的启示，前面已经作了阐释。但在这里需要补充一点，即清教徒的"天职"观念和他们的伦理带有空想的成分，尽管这种空想的成分并不妨碍新教伦理在经济发展中的积极作用的发挥。正如丹尼尔·布尔斯廷（Daniel J. Boorstin）在《美国人：开拓历程》一书中所说：北美"新英格兰清教徒的思想基础实在比任何人都接近乌托邦思想。他们的《圣经》中有'美好社会'的蓝图；他们历尽艰辛来到北美洲，必然相信在人间这块地方能够建设'天国'"。①虽然由于新英格兰当时还是英国的殖民地，移民在这块殖民地上必须接受英国的法律，以保障实际的利益，从而空想的色彩在现实面前有所减弱，但这并不否定他们漂洋过海来到北美时，是带着在人间建设"天国"的空想前来的。

应当指出，清教徒希望通过移民和创业在北美建设"天国"的设想固然带有空想的成分，但道德的激励与道德的约束始终是现实的。今天，在中国"第二次创业"的过程中，提出道德重整的任务，显然不能同当年向北美移民开拓时的情况相提并论，因为性质不同，条件不同，任务或目标也不同。在我们这里，如果实现了道德的重整，不仅道德激励与道德约束是现实的，而且建设的目标也是可以达到的。简言之，在我们这里，提出要重整道德和提高国民素质，并不是一种空想，建设的目标也不是去创造某种理想的"天堂"，现代化的社会不是乌托邦式的社会。国民素质的提高和道德的重整，都应当从现实生活中开始，目标是现实的，步骤也是现实的。对于形形色色的"标准的旧文化"和"改装的旧文化"的厌恶，不应仅仅出自感情上的痛恨或纯理论的认识。从现实生活中开始，从每个人的周围开始，通过个人行为的规范，养成良好的社会风尚。这样，道德重整方面所取得的成绩，就不再是偶然的、个别的，良好的社会风尚也不再是空泛的、抽象的。

不使道德重整带有空想的成分，还有一个重要的意义，即不要脱离实际地去设计某种"理想社会"，因为历史上所有关于"理想

---

① 丹尼尔·布尔斯廷：《美国人：开拓历程》，中国对外翻译出版公司译，生活·读书·新知三联书店1993年版，第32页。

社会"的设计都是纸面上的东西，或者是思想家头脑里的东西，难以付诸实施，而小范围内的实验也至多维持一两代人，最终不得不以失败告终。理论上的构想经不起实践的检验。更值得注意的是，假定某个政治家想在大范围内把"理想社会"的设计变成政策，强行推行，其结果不仅不可能把人们带入"天堂"，而必然会给社会带来一场灾难。

哈耶克（F. A. Hayek）曾对此进行过分析。哈耶克认为，人类历史上曾经出现过一些有理想的政治家，他们提出过各种关于实现"理想社会"的纲领或主张，他们的一生曾为此作过不小的努力，然而从实行的后果来衡量，这些理想主义者给人们带来的往往不是幸福，而是灾难。他们自认为理想是崇高的，因此无所顾忌，不计后果，甚至不择手段，因为这无愧于心。他们越是忠实于自己的理想与目标，他们就越是竭力推行自己的主张，越是干预与破坏在社会经济生活中起着支配作用的无形的力量、自发的力量，而这种无形的力量、自发的力量受限制和受破坏的程度越大，给社会造成的恶果也就越大。[①]

哈耶克在这里所谈到的在社会经济生活中起支配作用的无形力量、自发力量，究竟是什么呢？通常被认为是对市场机制而言。市场调节是一只"无形之手"，在存在着交易活动的场合时时处处自发地起作用。这是哈耶克的原意。但这种理解似乎比较狭窄。在社会经济生活中起着支配作用的无形力量、自发力量，除了市场机制

---

① 参阅哈耶克：《通向奴役之路》，第2版，伦敦，1976年版，第100—101页；哈耶克：《法律、立法和自由》，第2卷，《社会正义的幻景》，芝加哥，1976年版，第142页。

以外，还有习惯与道德力量。在市场调节出现之前固然如此，在市场调节出现之后也如此，特别是在非交易领域内，情况更加明显。那些有理想的政治家为了实现某种"理想社会"的模式而推行的改革措施，不仅破坏了市场机制这种无形力量、自发力量，而且也破坏了习惯与道德调节这种无形力量、自发力量，也就是破坏了习惯与道德力量所形成的文化传统。他们只相信个人的力量和政府的力量，也只依靠政府的力量，于是就硬性推行自己所信奉的那一套纲领，结果就导致社会秩序的混乱，甚至发生人民饿死、冻死、离乡背井、到处流浪的惨剧。这种例子在古今中外都是屡见不鲜的。

那么，为什么会发生这种情形呢？在哈耶克看来，这些政治家有一个共同的理论上的错误，就是把个人的意志看得高于一切，似乎自己就是救世主，就是人间的上帝，自己的所作所为就是"替天行道"。按照自己的意图来改变世界，被看成是天经地义。此外，他们还犯有把政府调节当做无所不能的错误，似乎政府的措施是医治"社会百病"（实际上其中有些不一定是"病症"）的法宝。在这些政治家的心目中，只要按自己的意图去做，政策措施严厉些，再严厉些，似乎就能给社会带来更好的生活，把平民百姓引入"天堂"。但是，尽管他们给了社会以"更好的生活"的许诺，却不了解他们不仅首先使社会为此付出极其高昂的代价，而且事后往往全部落空，并给社会留下了一大堆后遗症。这是因为，市场机制的被摒弃，特别是习惯与道德调节的被摒弃，给社会带来的是"更坏的生活"，是一场灾难。前面已经谈到社会经济生活在通常情况下包括交易领域和非交易领域两大部分，市场机制被摒弃后，实际上交易领域就不再存在了，交易领域已被人为地扭曲，从而变形为非交易领域了；习惯与道德调节被摒弃后，实际上非交易领域内的各种关系也被人为地扭曲了，甚至变形为虚伪的关系、矫揉造作的关系。这不是灾难又是什么？

正因为"理想的社会"中往往带有空想的成分，而通过某些有理想的政治家的硬性贯彻会给社会带来一场意想不到的灾难，所以当我们提出道德重整和培育、树立良好的社会风尚时，立足点应当放在现实的分析上，宁可把问题看得艰巨些、复杂些，而不应简单化；宁可有一种长期的、渐进的设计，而不应操之过急；宁可把工作的重点放在用法律规范人们的行为，用教育来启迪人们，使更多的人能发自内心地认识到遵守社会道德的必要性，而不应试图通过行政措施来达到统一人们思想和规范人们行为的目的。尤其重要的是，我们应当朝着既使得人们在物质上能不断提高生活水平，又使得人们在精神上能不断得到满足和享受的方向前进，但不能规定未来的社会应当如何如何等具体的细节，这才是正确的思路。我在《社会主义政治经济学》一书中曾写下这样两段话，我把它们转引如下，我想这是很有意义的。

"一代人有一代人的历史使命。作为经济理论工作者，我们这一代要着重研究的，应是发展阶段的社会主义经济问题。"[1]

"如果我们不自量力，硬要为以后若干代的人们操心，去设计未来的社会经济发展和演变的细节，那只能使自己成为后人的笑柄。"[2]

---

[1]　厉以宁：《社会主义政治经济学》，商务印书馆1986年版，第455页。

[2]　同上书，第457页。

第四节　法治、民主与道德重整

一、法治的对立面是非法治

在讨论现实条件下的道德重整问题时，法治与人治之争自然而然地会展现在我们面前。关于这场争论，我们不妨先研究一下：争论的实质究竟是什么？

法治的对立面是人治还是德治？有些人认为，法治是同人治相对立的，但也有些人说，法治的对立面应当是德治。各有各的论据，并且也都有一定的道理。

把人治作为法治的对立面的理由主要是：在法治之下，一切依法而行，法高于一切，法律面前人人平等，有法必依，违法必究，而在人治之下，人言大于法，人的行为可以凌驾于法律之上，于是法律便遭到了践踏。因此，要法治而不要人治，法治的对立面正是人治。

把德治作为法治的对立面的理由主要是：法治的出发点是"人性恶"，德治的出发点是"人性善"；由于法治从"性恶"出发，所以强调的是告诫，是处罚，非如此不足使社会安定、有序，所以要贯彻有法可依、有法必依、执法必严、违法必究的原则；由于德治从"性善"出发，所以强调的是道德感染与教化，是循循善诱，诲人不倦，从而不仅可以使社会安定、有序，而且可以使每个社会成员都成为道德高尚的人。因此，法治与德治是对立的。

怎样看待以上有关法治与人治以及法治与德治之争呢？正如我在本节一开始就说过的，主张法治与人治相对立和主张法治与德治相对立的人，都有一定的道理。然而，只要仔细地考察一下，那么不难发现，这两种主张都有片面性。它们全都没有说清楚法治的对立面应该是什么。

扼要地说，法治是与非法治对立的，非法治才是法律的对立面。如果说法治所要求的是一切依法而行，有法必依，违法必究，法律面前人人平等，那么非法治所表明的却是并非依法而行，有法可以不依，违法可以不究，法律面前也不是人人平等的。如果说是对法律的践踏，那么这恰恰是非法治，而不是其他。

下面，让我们转入对人治的理解。在上面提到的把人治作为法治的对立面的解释中，是把人治当做非法治来看待的。非法治的特征是治理的任意性，这也正是人治的特征。从这个意义上说，把法治与人治相对立，并无任何不妥之处。然而，对人治还可以有另一种理解，即法是由人制定的，并且由人来执行的。假定不是把人治理解为治理的随意性或理解为对法律的践踏，而是指要依靠人来制定法律和执行法律，靠人来贯彻法治，那么法治与这种理解的人治就是统一的，而不是对立的。某些不同意把法治与人治相对立的人正是从这个角度来理解人治的，他们也不赞成治理的任意性，不主张以个人的意志来代替法，他们所强调的只是法治离不开人和人的素质对于法治的重要意义。既然对人治可能有前一种理解，又可能有后一种理解，所以人治与法治之争总是没完没了。如果明确地把人治定义为非法治，即人治是指治理的任意性和对法律的践踏，那就不会有争议了。

再看看关于德治的理解。"人性善"还是"人性恶"，这是一个长期未能解决的问题，在这里可以略去不谈。把法治与德治相对立，看来是不全面的。这是因为，主张法治的人并不否定道德教化的作用；主张德治的人也并不否定法律约束与制裁的意义。法治与德治之争可以归结为"以法治为本"还是"以德治为本"之争。"以法治为本"并不排斥道德教化的作用，所以"以法治为本"实际上是"法治为主，德治为辅"，而"以德治为本"实际上是"德治为主，法治为辅"。既然法治与德治之争最终归结为孰主孰辅之争，那就谈不上法治以德治为对立面或德治以法治为对立面了。

由此看来，还是把法治的对立面看成是非法治，更符合实际，也更有说服力。

中国历史上长期的封建统治，与其说是人治，不如说是非法治。用非法治来反映封建统治的本质，是最准确不过的。皇权至高无上，皇权是绝对的、不容亵渎的，这是典型的非法治。如果一定要把这说成是人治，那么只能这样理解：所谓人治无非是"皇治""君治"的遮羞布。换言之，只有能够限制皇权或皇帝本人行为的法律，才是符合法治原则的法律。更重要的是，只有能够限制最高统治者权力和能够制约法律制定者行为的法律真正得以实施，这才是名副其实的法治。

有一种似是而非的论点是：商鞅推行的是法治，以代替人治；秦始皇实施的是法治，以法治国。这种论点显然是不妥当的。在皇权高于一切的秦国、秦朝，怎么可能摆脱"皇治""君治"的大格局？而"皇治""君治"实质上不仍然是人治吗？即以商鞅的所言所行来看，离开"君治"，他能有什么作为？所谓"皇权之下的法治""君治之下的法治"，同真正的法治相差很远很远，我想这已被秦国、秦朝的历史所证实，用不着再赘言了。

在封建时代，人治既然是"皇治""君治"，那么，就必然会有"皇权之下的官治"。官是代表君主来统治的。如果有法律可援引，那么官是代表君主来执法的。这时，尽管已制定了法，并由官来执行，但都处于"皇治"之下，从而也就谈不上什么法治。

总之，人治的概念本身是不清楚的。皇权至上，权大于法，这些只能被说成是非法治，很难用人治来表述（除非把人治看做非法治的同义词）。1949 年以后在"改装的旧文化"的支配之下，存在于中国社会上的，与其说是人治，还不如说是非法治。用非法治来反映"反右""反右倾""文化大革命"以及各种治理的任意性和对法律践踏的现象，同样是最准确不过的。既然如此，何不直接地用"中国应由非法治走向法治"、"中国必须让法治取代非法治"之类的提法呢？这岂不比使用"由人治走向法治"或"让法治取代人治"之类的提法更容易被公众所接受吗？岂不会较少地引起争议，甚至不会引起争议吗？

二、并非任何一种依法办事都等于法治

关于法治问题，有必要再作进一步的探讨。

在现实生活中应当建立法律的权威，唯法是从。但是不是任何依法办事都等于法治呢？这就需要认真思考了。关于这个问题，前面已经讨论过，现在不妨再简述一下。比如说，在 20 世纪 30 年代，希特勒上台执政是完全合乎德国宪法的，他上台后又根据法律获得了无限的权力。他对一切反对他的人、对纳粹统治有不同意见的人，以及他看不顺眼的人，都根据法律加以逮捕、审判、定罪。从法律本身而言，至少在 20 世纪 30 年代中期和后期，希特勒的所作所为仍属于合法的行为，因为他并没有不依法办事。但能够由此判断希特勒执政后的德国实行了法治吗？可见，合法与法治之间不能

画等号，依法办事也不一定等于法治。

在合法的幌子下，有些人完全可以利用现有的法律作为推行专制统治或强人政治的手段。如果现实中还缺少这样的法律，那么并不排除可以立即制定它，通过它，让它早日生效。因此，实行专制统治或强人政治完全可以在有法律根据的情况下披上一种合法的外衣。至于原有的宪法或法律中有些不利于推行专制统治或强人政治的条件，那也可以按照法定的程序进行修改，这同样与依法办事是不矛盾的。这表明专制统治可以表现为合法的专制统治，强人政治可以表现为有法可依、依法办事的强人政治。中外历史上这样的事例并不罕见。

为此，就需要科学地阐明"法治"二字的真正含义。法应当是民主的产物，又是民主的保障，这是问题的关键。对于法治的含义，应当从法律的实质来着手分析，只有作为民主的产物并且又能保障民主的实施的法律，才能作为法治的依据。在剥夺了民主的场合，可以有法律，但不可能有名副其实的法治。因此，在讨论究竟什么是法治时，必须强调的是：法律本身必须符合民主的精神，而且是在民主的条件下制定的，法律的执行必须受到民主的监督，否则，即使有法可依和依法办事，也不一定就是法治。

也许有人会提出，民主是一个不断发展与日益完善的过程，法律总是在民主走向完善的过程中被制定和被执行的，任何时候都不可能有尽善尽美的法律。法律在经历一段时间之后，随着客观形势的变化，随着民主的不断发展与日益完善，将被修改、充实和补充。这样，法治不就受到影响了吗？这种疑问是可以解释清楚的。要知道，即使民主有一个发展与完善的过程，但这并不妨碍在一定的时期和一定的条件下，法律仍然可以是民主的产物并成为民主的保障，这同破坏民主来为专制统治和强人政治制造合法外衣根本不是一回事。法律的修改、充实、补充也完全可以在民主的基础上进行，这同置民主于不顾的强行修改法律的专制行为根本不是一回事。

那种认为"只要合法就什么都可以干"的主张，无非是对法治的嘲弄和对合法形式下的专制统治、强人政治的粉饰。在中国，这很可能是政治领域内封建主义影响的表现。20 世纪 80 年代末在中国曾经热闹过一阵子的"新权威主义"，戳穿了无非是所谓"开明专制主义"的翻版。"新权威主义"未尝不可以接过合法的外衣，打着法治的旗号，而推行的却是改良的专制统治，即"开明专制"。"新权威主义"的出现及其在当时居然还得到了一些人的赞赏，使我们更加懂得了民主与法制建设的必要性，以及民主与法治两者之间的关系。

民主是有序的表现，民主绝不等于无序。法治同民主是不可分割的。没有民主，就没有法治。所以法治条件下，绝不容许也绝不可能存在任何打着合法旗号的专制统治或所谓"开明专制"的行为。20 世纪 80 年代末，当"新权威主义"刚出现时，鼓吹"新权威主义"的人的借口之一是目前的行政机构缺乏效率，推行"新权威主义"据说正是为了提高行政效率。这个理由是站不住脚的。试问，现实生活中的行政缺乏效率是怎样产生的？这正是多年以来缺乏民主、缺乏法治、缺乏对政府的约束与监督机制的必然结果。多年以来，对行政部门缺乏制衡力量，而行政部门自己又没有约束机制，行政部门的工作人员也缺乏自律，于是低效率就难以避免，甚至还可能产生负效率。因此，要消除行政低效率或负效率，绝不能依靠破坏民主、破坏法治的办法，即"新权威主义"所主张的那些办法。如果那样，一段时间内表面上似乎雷厉风行，办事效率可能提高，但由于法治的基础——民主——被破坏了，表面上的高效率不但不可能持久，而且更可能的是由于独断独行，决策不民主、不科学，从而造成更大的负效率。对中国现阶段来说，民主是渐进的过程，法治也是渐进的，渐进毕竟是"进"，既不是"停"，更不是"退"。"新权威主义"的主张却是倒退，是逆时代潮流而动的。"新权威主义"声称要加速现代化的来临。其实，按照"新权威主义"的主张去做，现代化目标根本无法实现，因为民主被破坏了，法治实现不了，同现代化目标的距离只可能越来越远而不可能缩小。

三、道德重整与民主建设

前面已经谈到，法律的制定和执行都离不开人的作用。制定法律的人如果缺乏民主思想，执行法律的人如果缺乏民主作风，那么法治就很难实现，因此人的作用是不可低估的。不仅如此，公众同样需要有民主思想，只有这样，他们才知道维护法律尊严的必要，才知道守法的必要，也只有这样，他们才能对执政者进行监督。监督来自公众，这是实现法治的必要条件。公众在民主建设中的作用的大小，取决于公众自身的法治观念与民主意识的强弱。那种把地方政府官员称做"父母官"的传统思想，是"标准的旧文化"的表现，也是"标准的旧文化"得以延续的支柱。

法治之所以不易实现，除了公众的民主意识不易确立而外（这是可以理解的，因为在中国这块土地上，封建思想毕竟统治了这么多年，旧文化不易清除），还同公众长期养成的一种对官员的依赖思想有关。公众对官员的依赖思想由来已久，这正是长期以来公众被置于无足轻重的地位的反映。比如说，一个普通老百姓在受到行政部门的不公平对待时，总希望有一位"青天"出来主持正义，为自己平反并惩办贪官污吏或徇私枉法者。应该承认，在缺乏民主的条件下，普通老百姓也只好如此，这不能责怪他们有这样或那样的依赖思想，而只能责怪那种把公众置于无足轻重的地位的制度。

民主建设是一个制度问题。要建立民主制度，需要进行有效的政治体制改革，让人民不再是名义上的主人，而要成为真正行使自己权利的主人。尽管这不是迅速就能实现的，但我们必须朝这个方向努力去做。在这个过程中，人民自身的民主意识应逐渐增强，对官员的依赖思想也将被克服、被消除。于是就涉及道德重整方面的一项重要内容，这就是：道德重整应包括民主思想的建立，包括人人懂得如何行使自己的权利，选举能为人民服务的人担任人民代表和政府部门的负责人，罢免一切不称职的人民代表和政府部门的负责人；还包括懂得如何评论政治，评论政府的措施，评论政府官员的能力和政绩。把这些内容列入道德重整的范围内，道德重整才是全面的、充分的；否则，假定道德重整只包含个人如何培育进取精神和创业精神，如何树立群体观念，如何自律，如何维护社会公德、商业道德、职业道德，以及如何见义勇为、助人为乐等，尽管这是必要的，但却无助于民主建设的进展，无助于在民主的基础上推进法治，并使得法治社会、法治国家的设计得以实现。

前面已经指出，法治的对立面是非法治，非法治的特征是君大于法、官大于法，个人的行为可以凌驾于法治之上，法律遭到践踏。如果道德重整中不包含民主思想的建立，不包含公民行使自己权利的观念的确立，那么非法治的格局是不会自动退出历史舞台的。而在非法治的条件下，人们也可以有进取精神和创业精神（尽管它们会受到挫折），有自律，有注重社会公德的表现，并且也会有见义勇为、助人为乐的行为等，法治却不可能因此而实现。这就告诉我们，对道德重整必须有全面的理解，不能把民主思想的建立排除在外。只有既使人们树立进取精神、创业精神、为公益事业做奉献的精神，又使人们建立民主意识，勇于议政参政，敢于行使自己对政府官员进行监督的权利，才可以称做实现了道德重整的任务。总之，在法治环境中，法律不仅是保障权利的手段，而且是限制权力的依据。

第五节　社会信任的重建

一、从企业的生存和发展看重建社会信任的必要

在市场条件下，企业（不管是什么所有制的和什么组织形式的企业）是经济的细胞，企业都应当以诚信为本。如果企业失去了投资人的信任，失去了客户的信任，失去了同行的信任，企业是不可能生存和发展的。

这是因为，在交易领域内，每一个企业都以交易者的身份出现。企业同企业之间的关系是交易者之间的关系，企业同客户之间的关系同样是交易者之间的关系。即使是企业同投资人之间的关系，也可以看做是交易者之间的关系。只要失去了信任，哪怕信任削弱了，这种交易关系就会淡化，直到断裂。最典型的例子就是从

古代一直延续到现代的合伙制。合伙制作为一种企业组织形式，合伙人承担的是无限责任和连带责任，合伙人之间必须有充分的信任，否则谁愿意为合伙的伙伴承担无限连带责任？合伙制企业必定无法存在下去。广泛存在的有限责任制企业（如有限责任公司和股份有限公司），信任同样是十分重要的。以股东们对公司的信任来说，关键在于股东会是否履行了对公司的经营业绩和盈利分配方案的审查权，以及对公司增资、发行股票、合并、转让、解散和清算等重大事实的审查权。有限责任公司和股份有限公司的高层管理者必须取得股东们的信任，才能任职，公司必须取得投资者的信任，才能发展壮大。

在日常交易活动中，企业的信任危机可能来自各个不同方面。例如，某个企业生产或销售劣质产品，甚至假冒产品，从而失去客户的信任；某个企业拖延其他企业的货款不还，拖欠银行贷款不还，从而使诚信受到损失；某个企业单方毁约，使合同的另一方受损，从而也失去了合作者或客户的信任，等等。至于企业伪造账目，做虚假广告，或公布不准确的信息等，不仅诚信丧失，而且会遭到同行们的抵制，企业的声誉扫地，发展的空间也就失去了。

关于企业的生存和发展，现代经济学认为通常需要三种资本。一是物质资本。厂房、机器设备、原材料、零配件、能源供给等，都属于物质资本之列。二是人力资本。体现于劳动者和管理者身上的技能、知识、智慧、经验、毅力等，都包括在人力资本之中。三是社会资本。这里所指的社会资本，是指一种适合于企业生存和发展的社会关系、人际交往、品牌、信誉等。社会关系和人际交往是建立在相互信任的基础上的；品牌要靠信任来支撑；信誉是扩大人际交往和确立良好的社会关系的基石。企业和企业领导者的信誉好，其他企业愿意同该企业交易、合作；企业领导者个人信誉好，别人愿意同你交往，在你遇到困难时愿意伸出援助之手。这就是社会资本。任何一个企业如果缺少社会资本，即使有较多、较好的物质资本，也难以发展。这样的企业在业界通常是孤立的。没有社会资本，企业很难找到商机，也很难开拓市场。

有些企业和企业领导人并不是不知道丧失信用和缺少社会信任会使企业陷入困境，使企业领导人身败名裂，但为什么还会从事生产和销售假冒伪劣产品、赖债不还、炮制虚假广告、欺骗客户等活动呢？这只能归结为以下两点：一是被私利所诱惑，二是存在侥幸心理。被私利所诱惑是根本性的，存在侥幸心理是导致这些企业和企业领导人去冒险，认为这多半不会被发现，而在私利诱惑之下这样做还是值得的。所以任何人都不应心存侥幸，否则都会被侥幸心理所误导。

实际上，摆在每一个企业和每一位企业领导人面前的有两条底线，即法律底线和道德底线，这两条底线都是不能逾越的。越过了法律底线，当然为法律所不允许，企业和企业领导人无疑会承担由此产生的后果和相应的法律责任。但不能忽视的是还存在一条道德底线。在某些情况下，企业和企业领导人既越过了法律底线，又越过了道德底线；但在另一些情况下，企业和企业领导人可能使自己的所作所为并未越过法律底线（即所谓"打擦边球"的作为），但却越过了道德底线。这同样是不对的。企业和企业领导人必须有如下的认识：不仅不能触犯法律底线，而且也不能触犯道德底线。为法律法规所不容固然是严禁的，逾越了道德底线同样需要严禁。在企业经营中，企业和企业领导人要牢记两种约束的并存，即法律约束和道德约束的并存，这样才能保持自己的信用，取得社会的信任。从中国明清两代的商业史可以了解到，徽商、晋商之所以长期兴盛不衰，一个重要的原因是坚持用儒家的道德来约束自己，在商场上笃守诚信。

在谈到私利诱惑问题时，不能认为只有私营企业和私营企业的领导人才会因私利的诱惑而冒风险去突破法律底线和道德底线。国有企业和国有企业领导人同样是有这种可能的。这里所说的私利诱惑不仅是指货币收入的诱惑，还包括企业领导人职务提升和工资、奖金增加的诱惑，尤其是职务提升的诱惑。如果以信用受损为代价而使国有企业的产值增加了，利润增加了，国有企业的领导人或国有企业内的有关管理人就有了职务提升和工资、奖金增加的希望，这也属于私利诱惑的范畴。否则，我们怎能解释为什么有的国有企业也会丢掉法律约束和道德约束去从事有损于企业信誉的事情呢？

无论是私营企业还是国有企业，在从事损坏企业信用的行为时，之所以存在侥幸心理，主要有两个原因：一是前面提到过的，以为这样做不会被发现、被揭露；二是即使被发现、被揭露了，受到了处罚，但通常是相对轻微的，于是就会产生"成本与收益不对称"的状况，使企业认为这样做还是合算的。也就是说，假定冒险违法违规得手了，个人收益很大；即使冒险违法违规被逮住了，受到处罚，但损失不大，于是冒险违法违规行为屡禁不止。尤其是国有企业领导人冒险违法违规后，被罚的款项是由国有企业偿付的，所以他们认为自己实际上没有什么损失。

上述这种情况告诉我们，在处理企业违法违规时，一定要消除经济生活中存在的"成本与收益不对称"的状况，处罚要严，而且处罚要落实到具体的企业负责人、责任人，使他们不再存在侥幸心理。

为了在企业与企业之间重建社会信任，有必要加强行业协会的作用。行业协会除了有指导本行业各企业生产经营和协调企业之间展开互助等任务外，更有促进各个企业自律和互律的作用。自律和互律都是引导企业增加法律意识和道德意识的手段。只有企业有了自我的法律约束和道德约束，同行业的企业又在法律的约束和道德约束方面起着相互帮助、相互提醒、相互促进和相互监督的作用，本行业的信誉才能不断提升。在一个行业协会的范围内，所有参加行业协会的企业都是平等的，不分所有制，也不分规模的大小、资本的多少和企业建立时间的早晚，这样才便于企业之间的互律。至于参加行业协会的每个成员的自律，包括法律约束和道德约束，尽管是自觉自愿的，但由于有了行业协会这样的组织，一个企业是否自律，或自律达到何种程度，则会受到行业协会和同行们的监督，这也将有助于企业自律程度的提高。

应当指出，企业的社会责任不仅在于为社会提供优质产品和优质服务，不断进行自主创新，为社会创造更多的财富和提供更多的就业机会，也不仅在于关心公益事业，帮助穷人，而且还在于坚持诚信原则，以诚信对待客户、对待公众、对待一切交易者。背离了社会信任，企业就谈不上自己的社会责任，更不必说企业破坏了社会信任，甚至制造了社会信任危机了。

因此，在这里提出"从企业的生存和发展看重建社会信任的必要"，是有现实意义的。从国际经济的角度来考察，2007—2008年发生的美国次贷危机，以及由此引发的国际金融危机，从本质上就是一场深刻和广泛的信用危机、社会信任危机。银行的长期低利率使投资者的逐利行为不断膨胀，金融衍生产品的泛滥使得金融泡沫越来越严重，贷款质量日益恶化，信用制度在企业破产和银行倒闭的冲击下崩溃了。人们不再相信银行和其他金融机构，甚至不再相信交易对方的承诺和合同。正因为如此，所以国际金融危机持续下去，对实体经济的影响越来越显著，而且已经开始影响美国民众和西方其他发达国家的民众消费观念的改变和消费行为方式的调整，进而将会对西方社会产生深远的影响。再从我国国内考察，引起社会普遍关心的事件之一就是食品安全。奶粉、白酒、大米、猪肉、酱油、鸭蛋、食盐等问题食品被曝光以后，引起了人们对食品安全的关注。比如说，尽管有问题的奶粉只是某些厂家生产出来的，但问题一被揭露，便影响到所有的生产奶粉的企业，国产奶粉的声誉立即受到严重损毁，销量锐减，一段时间内人们纷纷抢购国外生产的奶粉。如果不是政府有关部门迅速采取应对措施，奶粉的信用危机还会继续扩大。从这里可以清楚地了解到重建社会信任的任务是多么重要，多么迫切。

市场是靠社会信任维持的，企业是靠自身的信用支撑的，广大消费者凭着信任给生产消费品的企业投票。上述这一切还不足以说明企业的自律和互律、企业的法律约束和道德约束关系到企业的命运和市场的兴衰吗？

二、从人际关系的和谐看重建社会信任的必要

前面已经指出，人总是生活在一定的群体之中的，群体有大有小，但至少是一个人以上才组成群体。人与人之间始终存在信任问题。群体的存在和人际关系的维持，离不开信任。没有信任，不会有人际关系的和谐，不会有社会组织，甚至社会都难以存在。

交易活动只有在信任的前提下才能开展。交易活动中交易者之间的关系，无非是商品和劳务的买卖，雇用和被雇用，货币借贷，

不动产租赁或转让，信托，保险，委托代理，等等，这些都以交易双方的相互信任为前提。同样的道理，交易者与交易者的合作，包括共同出资，建立企业，收购企业，或共同研发一个项目，甚至商议市场份额的分割与协调，利益的分配，或交易者们准备采取一致行动抵制另一个交易者，雇工准备采取一致行动对雇主提出这样或那样的要求，也都以相互间的信任为条件，这样才能达成某种协议或默契。如果信任削弱了，互不相信，他们之间的交易关系、合作关系也就难以继续下去。

也正如前面已经指出的，在社会生活中，非交易领域通常远远大于交易领域。在非交易领域内，人与人之间的关系，包括家庭关系、家族关系、街坊邻里关系、同乡关系、同学关系、师生关系，尽管全都不按市场交易规则办事，但信任却是永远存在的。没有信任，这些人际关系全都会受到损害。小到一个家庭、一个村落、一栋居民住宅，基本秩序的维持和民间生活的进行，无不要求建立社会信任。有了社会信任，基本秩序就维持了，稳定了。街坊邻里之间、同乡之间和同学之间，并不是没有金钱往来的，但不像市场中那样一定要按市场交易规则办事。比如说，一个人有某种急需，向同村的居民借钱，向亲戚朋友借钱，难道非得先谈判，立字据，定利率，抵押，质押不可？一般情况下不是这样的。这就是仰赖相互信任而产生的关系。再如，即使是只有夫妻两人的小型家庭，在互不信任的条件下究竟能维持多久？缺少信任的夫妻二人，迟早是会分手的。

人与人的关系需要和谐，而和谐必定以相互信任为基础。人与人之间需要协作，而协作关系的建立绝不单纯是一种利益关系，而首先是一种社会交流的需要，即每个人出于生存的需要而愿意同别人协作，共同渡过困难，或谋求共同发展。这样，你就会要求同别人协作，别人也希望同你协作。从这种角度来看，信任是内在的需要，也就是说，信任是内生的。

由此可以区分以下两种情况，一是基于信任的协作，二是基于协作的信任。两者是有差别的，而且前者一直是主要的。

不妨从人类最早的生活和生产活动开始分析。远古时代，人出于生存的愿望，必须相互之间有信任。大家聚集于一个群体之中，当时既没有市场，又没有政府，大家都抱着一个宗旨：在异常艰苦的环境中如何生存下来。"你活我也活，大家都要活"，这就是产生信任的道德基础。否则，一个人怎能寻觅到食物？一个人怎能防御野兽的攻击？一个人怎能经受得了严冬、暴风雪、山火、洪水的袭击？即以捕捉野生动物来说，不靠大家一起围猎，能有多大收获？协作是必不可少的。于是有了信任，才会有基于信任的协作。

人类交往的范围越来越大，不仅本群体的人数由于生育后代而增多，而且由于群体的活动领域扩展了，本群体同其他群体的接触也越来越频繁，从而个人之间的交往也越来越多。这时还谈不到本群体同其他群体的成员之间已经产生了信任，或本群体的领导同其他群体的领导之间已经产生了信任，但协作的需要却自然而然地出现了。比如说，当另一个外来的群体前来抢劫财物，掠走人口，或占领土地时，本群体需要同其他的群体联合起来去抵抗敌人，协作的需要通常被放置前面。这时，可能依然是先有信任，再有协作，即这一群体同某个群体在过去交往的关系中已建立了信任，所以这种协作仍是基于信任的协作；但也可能出现另一种情况，即这一群体同某个群体过去接触不多，尚未建立信任，然而在共同对付另一个群体前来侵犯时，是先有协作，再逐步建立相互信任。这就是基于协作的信任。

随着人际关系的扩展，非交易领域内人与人之间的交往和协作也越来越多。一个人不可能总是和某些老相识交往和协作，总要同某些新相识交往和协作。所以基于信任的协作和基于协作的信任是并存的。但无论是基于信任的协作还是基于协作的信任，都离不开信任二字。没有信任，不可能有协作，即使有过协作，也只能是短暂的。

在一个群体中，不管群体是大还是小，有组织形式还是不存在组织形式，成员们的协商与选举总是相辅相成的。这是群体得以稳定和发展的条件。选举表现为民主，协商同样意味着民主。只承认选举民主而否定协商民主，是不对的；同样的道理，只承认协商民主而否定选举民主，也是不对的。协商民主的历史，从人类社会成长过程来看，要比选举民主久远得多。在远古时代，群体内部最初形成的就是协商民主，后来才出现选举民主，而且协商与选举两种方式总是兼用的。两种方式相比，协商方式可以使气氛缓和，不至于那么紧张，各方可以充分交换意见，寻找各方都可以接受的方案，使得整个过程保持信任和互让互谅。选举方式的采用可以成为协商的成果。当然，这并不排斥选举民主的优点，也不否定选举民主的意义。但如果只有选举民主，结果形成的"少数服从多数"的结果很可能不如协商民主和选举民主两者兼用的结果。

从这里可以了解到，在社会上各个群体内部和各个群体之间历史上通行的处理事务的原则主要是协商。只有在需要产生、修改和废除群体的规章、公约时，或在需要产生和罢黜领袖或主要办事人员时，以及在与另一个群体或另外若干个群体订立和废止协议时，或加入和退出另一个群体或另外若干个群体组成的组织时，才采用选举民主。何况在这种场合，协商民主和选举民主也通常兼用。

人际关系中协商民主和选举民主都是人类文明的产物，是历经数千年甚至更为长久的过程而传承下来的。各个历史时期有各自的特点，各个不同的民族、国家也各有依据自己的习惯而采取的协商方式和选举方式。这里并不存在统一的做法。但所有这些方式或做法都不能没有相互信任作为基础。群体和成员的道德底线是协商民主和选举民主赖以正常运作的必要条件。

实际上，非交易领域内的人际关系要远比协商民主和选举民主广泛。信任同样是构成人际关系和谐的基本要素。非交易领域内的人际关系靠信任维持。比如说，在一个家庭内部，如果家庭对子女实行包办婚姻，违背子女的意愿，子女会离家出走或以死抗争，这就表明子女对家长失去了信任；如果一个家族内部，家族长辈霸占家族公产或欺辱孤儿寡母，族人会起来抗争，这表明族人对族中长辈失去了信任；如果朋友之间、同事之间、邻居之间有人不顾信义，欺骗别人，甚至敲诈别人，陷害别人，这个人就会自绝于朋友、同事、邻居，成为人所不齿者；如果在学术团体中出现了剽窃、作假、伪造数据等恶劣现象，剽窃者、作假者、伪造数据者同样在被揭露后会陷入孤立，因为他已失去了别人的信任；而如果该学术团体对此事不闻不问，听之任之，这个学术团体的声誉便会大幅下降，人们也就不愿意再参加这样的学术团体了。可见，非交易领域内信任或相互信任的重要性绝对不亚于交易领域，非交易领域内信任或相互信任丧失的严重性也绝对不轻于交易领域。

综上所述，从交易领域到非交易领域，社会信任问题是处处存在的。在交易领域，由于社会信任的丧失，市场秩序必定紊乱，交易者的预期无法确定，现金交易将取代信用交易，甚至实物交易将取代现金交易，人类社会将退回到原始的物物交换的阶段。这简直是不可思议的。而在非交易领域，情况则更加难以想象。社会信任丧失了，谁都不敢相信别人，谁也不被别人信任，一切人际关系都崩溃了，一切社会组织都解体了，社会还能稳定和发展吗？

三、提高政府公信力的必要

社会信任是一个过程。在这个过程中，人与人之间的交往和企业与企业之间的交易活动，都是依靠信任的不断累积而展开和扩大的。政府作为一个行为主体，它时时刻刻同公众打交道，同企业打交道，这里同样存在着相互信任问题：公众和企业信任政府，政府也信任公众和企业。这种相互信任也是不断累积的。如果包括政府在内的各个行为主体之间缺少信任，社会肯定紊乱无序，社会风气也肯定不正。

我们仍然可以从交易领域和非交易领域这两个不同的领域进行分析。

以交易领域来说，所有的人只要一进入交易领域，便都以交易者的身份出现，他同对方的关系都以交易领域通行的规则为准，不能逾越法律底线和道德底线。政府作为行为主体之一，同样应当如此。比如说，政府作为采购者，它要从企业那里采购所需要的各种产品和服务。在这种场合，政府作为买方，企业作为卖方，买方与卖方应当按相关的法律法规和规章制度进行，诚信是双方共同遵守和奉行的准则。又如，政府作为土地供给方，它向房地产商提供土地，房地产商作为需求一方，依循一定的法律法规和规章制度取得土地，诚信依旧是双方共同遵守和奉行的准则，政府也不例外。在交易领域内，买卖双方的地位是平等的，政府无论作为买方还是作为卖方，都不能凌驾于另一方之上。只有双方地位平等，又都遵守交易领域的规则，相互信任才能建立。

非交易领域内的情况要比交易领域内复杂一些。要知道，非交易领域内，除了人与人之间的交往、家族与家族之间的交往，以及家族内部、各种社会团体内部的成员间关系而外，还包括了政府同社区、社会团体、家族、家庭和个人之间的关系。比如说，个人向政府和政府下属部门缴纳税费，这就不是买卖双方之间的交易关系。又如，社会上存在着灾民、孤儿、低收入家庭，政府和政府下属部门按照规定给他们的救济，这也不是买卖双方之间的交易关系。至于政府的司法机构、治安机构等处理公众之间的各类纠纷时所扮演的角色，那就更不是交易双方的关系了。尽管如此，政府和政府下属部门都必须讲信用，同当事人之间建立相互信任的关系，而不能违背法律法规和规章制度而自行其是。

需要进一步讨论的是，无论是在交易领域还是在非交易领域，政府如何取得公众和企业的信任？政府同公众、企业之间的相互信任是如何建立的？即使在专制社会中，这类问题也是同样存在的。虽说在专制制度下的中国，皇权至上，臣民俯首听命于朝廷，但从明清两代对科举制度的重视和对违法违规行为的严厉惩处可以看出，皇权总是力图保证科举制度的公平和公正。为什么会这样？这正是为了维护皇权在公众面前的公信力，因为公信力降低了，皇权的巩固也就受到了威胁。又如，在中国过去历朝历代，为什么皇权一直表彰"清官"，同样是为了增强朝廷的公信力。因为公众认为"清官"代表了皇权的可信度。在民主制度之下，无论是资本主义国家还是社会主义国家，政府的公信力更加引起社会的关注。政府自身更要不断提高公信力。民主制度和专制制度的重要区别之一在于：在民主制度下，公众和企业都具有比专制制度之下多得多的自由选择机会。"此处不留人，自有留人处"：移民国外，从这一城市迁往另一城市，从这种职业改为另一种职业，作为投资者还可以撤走自己的投资，或从这一投资领域转向另一投资领域，等等。公众和企业可以有较多的机会通过不同的渠道申诉自己的意见，批评某一主管部门的所作所为，包括揭露某些机构和某些办事人员的贪赃枉法行为。这样，政府要维护自己的公信力就比过去难得多。专制制度下政府惯用的封锁信息、强制推行某些措施，甚至用高压手段来钳制舆论的做法，在民主制度下已经失去了制度的基础。

换言之，在民主制度下，公众和企业正因为有了自由选择的机会，所以政府必须适应新的情况采取增加自身公信力的办法。这正是法治社会同非法治社会的区别。比如说，在交易领域内，政府无论是以买方身份出现，还是以卖方身份出现，或者以合作投资者的身份出现，都应当遵守法律法规，遵守合同。这才能取得交易另一方或合作投资另一方的信任。如果合同尚未签订，交易的另一方或合作投资的另一方可以根据政府以往的履约状况作出选择：签约还是不签约。如果合同已签，交易已在进行，交易的另一方或合作投资的另一方至多吃亏一次，下一次就不会再同政府来往了。政府不履行合同，不实践承诺，就是自毁信用，难以得到公众和企业的信任。交易领域内双方是平等的，甲方在选择乙方，乙方也在选择甲方，法律底线和道德底线谁也不敢突破。

在非交易领域内，政府的作用是特殊的。正如前面已经指出的，政府并不以交易者的身份，而通常是以公共事务管理者和服务者的身份出现。在这种场合，要维护、提高政府的公信力就不是遵守交易规则之类的问题，而且首先是摆正政府位置的问题。政府在交易领域内虽然可以成为交易的另一方或合作投资的另一方，但政府同时也是公共事务的管理者和服务者。无论交易的双方都是企业，还是交易的一方是企业，政府作为公共事务管理者和服务者这一职能始终是存在的。而在非交易领域，政府则一直充当公共事务管理者和服务者的角色，为公众而管理公共事务，为公众服务。因此，在非交易领域，政府要维持和提高自身的公信力，主要应在充当公共事务管理者和服务者时取得公众的信任。如果政府工作人员滥用权力，偏袒某些人而使另一些人受到不公正待遇；或者隐瞒事实真相，欺骗了公众；甚至利用管理公共事务的权力，破坏法律法规，突破道德底线，获取私利，那只能使政府的公信力降低，使公众对政府的信任度大大降低。

政府无论在交易领域内的公信力还是在非交易领域内的公信力，都是逐渐累积而成的。增加政府的公信力要靠日积月累，而损毁政府的公信力则很可能只在顷刻之间，正如修筑一条大堤一样，筑堤靠长期的垒土、维护、加固，而大堤被冲垮，却可能在一场特大暴雨之后。政府对这一点必须有清醒的认识，时时保持警惕，不要使自身的公信力毁于一旦。

要提高政府的公信力，主要应从以下四个方面着手：

第一，尽管法律、法规和政策在开始制定时不一定是完善的，但有法律、法规和政策可遵循总比缺少法律、法规和政策要好，否则便会形成无法可依、无政策可循的格局，进而造成政府工作人员在公共事务管理中的随意性扩大，使政府的公信力降低。当然，法律、法规和政策的制定应当尽可能科学、合理，并听取专家学者、有经验的政府工作人员和公众代表的意见，在出台后要通过多方面的调查了解法律、法规和政策的实施状况，发现问题和不足，再根据程序进行修改。而在修改前，仍应维持法律、法规和政策的稳定性，不能随意变更，否则同样会降低政府的公信力。

第二，政府工作人员的诚信意识必须加强。这是因为，公共管理事务是具体的政府工作人员从事的，正是他们代表了政府的形象，处在同公众接触的第一线。公众对政府的信任度降低，在不少场合是由于具体的政府工作人员不依法办事、不遵循政策、不守信用等所造成的。至于政府工作人员倚仗手中的权力获取私利，接受贿赂，甚至索取贿赂等行为，更会败坏政府的公信力。因此，必须有一定的监督政府工作人员诚实守信、廉洁奉公的机制，以维护政府工作人员和政府部门的形象。

第三，由于我国至今仍处在由社会主义计划经济体制向社会主义市场经济体制转轨的过程中，改革有待于深化，所以要把提高政府公信力与深化体制改革结合起来。在计划体制下所实行的公共事务管理办法，早已不适合市场经济体制。交易领域内，权力一旦介入了交易，就会有寻租活动，这在计划体制下和体制转轨时期是容易发生的。这是因为，在计划体制下盛行着配额的制定和分配，这些都是在权力操纵下实现的，于是寻租活动便有了滋生的温床。在体制转轨时期，配额制度在某些行业还保留着，而双轨制的施行则是体制转轨时期的特点，双轨制之下同样有可能引发寻租活动。这些都会增加公众对政府的不信任。非交易领域内，由于社会上某些公共产品的供给往往少于公众对公共产品的需求，所以在供求关系紧张时，主管部门和相应的政府工作人员便有可能利用手中的权力介入公共产品的供求关系之中。社会上近年来反映较多的是：中小学校的学生择校，幼儿园的进入，患者的择医院和择医师，保障性住房供给中需求方的择地点，等等。这样，无论是交易领域还是非交易领域，深化体制改革都是必要的。交易领域内的配额制度、政府采购制度、双轨制度、行业垄断制度的继续存在，在很大程度上与体制改革未能到位有关。而非交易领域内的公共产品的供给和公共产品分配中的公平问题，也只有在深化体制改革中才能解决。可见，深化体制改革是同提高政府的公信力紧密联系在一起的。

第四，由于现代经济是一种信用经济，在这样的经济中，政府作为行为主体之一，无论是在交易领域内还是在非交易领域内，都必须讲诚信、守信用。然而，现代经济体系是一个信用体系，并不是单靠某一类行为主体就能构建完善的信用体系。政府不仅作为交易者，而且作为公共事务管理者和服务者，置身于这样的社会信用体系之中。因此，作为公共事务管理者和服务者的政府有责任帮助和促成社会信用的建设，这也是有助于提高政府与企业和公众之间的互信度的。换言之，建成社会信用体系是提高政府的公信力的措施之一。

究竟什么是社会信用体系，如何建设社会信用体系，以及政府在这方面可以发挥哪些作用，将在下文进行论述。

四、社会信用体系的建设

社会信用主要包括三个方面：一是个人信用，二是信用中介机构的信用，三是企业的信用。

个人的信用是指：个人作为社会成员和作为市场中的交易者，其信用究竟如何，应当被他人所了解，被信用中介机构所了解，这样才能在信用社会和信用经济中同别人交往，被交易对方所认可。

要建设社会信用体系，就应当对个人的信用有合适的评估制度，并建立个人的信用档案。

信用中介机构的信用是指：从事信用调查、信用征集、信用咨询服务、信用评估、信用担保等信用中介业务的机构本身就有一个信用问题，它们是否可信，它们是否公平公正，以及它们作为信用评估机构所评估的结果是否具有权威性。它们的权利与责任是否对称，也同样被人们所关注。如果银行、保险、证券、信托等企业中设立了有关收集个人、企业信用的征信部门，它们也应包括在信用中介机构体系之内。

企业的信用是指：除了信用中介机构以外的一切企业，包括银行、保险、证券、信托等行业的企业，都存在信用问题。对企业来说，企业资产的实际状况、企业负债状况、企业负债的偿还能力、企业盈利状况、企业信誉状况及企业信用的管理状况等，都是社会关心的问题。对金融业的企业来说，除了上述企业的信用问题外，还有特殊的问题，例如，银行向企业贷款的风险，银行发出的信用卡的风险，银行向个人贷款的风险，银行可能遇到的国际金融冲击，银行的抗风险能力，等等。这些同样是社会所关心的。

因此，社会信用体系实际上由三个体系所组成，即由个人信用体系、信用中介机构信用体系和企业信用体系所组成。有一种看法是，信用中介机构信用体系的范围应当拓宽些，除了信用评估机构外，还应当把资产评估机构、会计师事务所、审计机构、律师事务所等包括在内，因为它们的工作也涉及信用评估问题，它们工作的结果之一也是向社会表明某些个人和企业的信用状况，因此，这些机构自身的信用是十分重要的。一个自身的信用不可靠的中介机构的工作结果能有多大的可信度呢？

那么，政府在社会信用体系的建设中应当发挥什么样的作用？政府本身的信用是否也应纳入社会信用体系呢？这是两个性质不同的问题，需分别论述。

首先，政府在社会信用体系的建设中应当发挥什么样的作用？扼要地说，政府应在以下四个方面发挥作用：第一，通过法律法规，为建设社会信用体系提供良好的法制环境，使得个人信用体系、信用中介机构信用体系、企业信用体系有法可依，有规可循；第二，为社会信用体系的建设提供技术支持，其中最为重要的是，在政府支持下加快信用数据库的建设，也就是说，仅有信用中介机构关心信用数据库的建设是不够的，必须在政府主导下完成社会的信用数据库建设，并实现信息资源的社会共享；第三，以政府工作人员提高诚信、增进政府公信力作表率，带动全社会各行各业从事信用业务的人员提高诚信，坚守从业者的法律底线和道德底线，增加从业者和公众的相互信任；第四，政府应当加强对社会信用的监管工作，目前尤其需要对信用中介机构的信用状况和企业的信用状况进行监管，政府在这方面的作用是任何社会团体（包括行业协会）所无法替代的，这是因为，企业的信用信息分散于银行、税务、海关、质监、司法、工商管理等多个部门内，如果不把这些来自各部门的信息综合起来，统一整理和分析，就难以了解某一个具体企业的实际信用状况，也就难以对这个企业的信用作出符合实际的评估。政府的这种作用是任何信用中介机构无法胜任的，何况任何一家信用中介机构自身的信用状况也在政府有关部门的监管之列。

其次，政府本身的信用是否也应纳入社会信用体系呢？对这个问题，可以从两个角度进行论述。

一个角度是：政府信用就是国家信用，为了维护国家信用，对内要取信于民，对外要取信于世界各国和国际组织，但这些并不是上述所要建立的社会信用体系所要解决的问题。从技术上看，我们可以依靠各种信用中介机构对企业信用进行评估，可以依靠政府有关部门的信息整合来监管企业信用状况和信用中介机构的评估结果，并且可以根据一定的标准对企业信用状况和信用中介机构的信用状况作出评估，但我们怎样给政府信用打分评级呢？信用中介机构能胜任这项任务吗？它们对政府信用的评估用什么标准可以作为量化的依据？即使有了某种评估，可信吗？这是一个至今尚未解决的难题，有待于深入研究。国外的评估机构如果对中国的国家信用作出评估，又有多大的可信度？这个问题，不经过深入研究和讨论依旧是一个难题。

另一个角度是：任何一名政府工作人员的信用状况都不能代表整个国家的信用状况，任何一个地方政府的信用状况也都不能代表国家和中央政府的信用状况。道理是清楚的：政府工作人员个人有自己的操行，有廉洁奉公的政府工作人员，也会有违法、违规、渎职、贪污受贿的政府工作人员。假定出现了后者，可以认为他们损害了政府的形象；假定他们工作于涉外机构，可以认为他们毁坏了国家的形象，但这同国家、政府的信用状况不是一回事。再说，地方政府（从省、市直到县、乡、镇）有违约、撕毁合同、欠账不还等情况，这也会损害地方政府自身的形象；假定这涉及外商的利益，也会毁坏国家的形象，但不能简单地把这些同国家的信用状况画上等号。这是因为，任何一个地方政府的信用代替不了中央政府的信用和整个国家的信用。

当然，对政府工作人员的操守和行为是要进行考核和监督的，不允许他们损坏政府的形象；对地方政府失信于中外企业的状况，要关注，要依法处理，不允许他们作出损坏政府形象、国家形象的事情。这是提高政府公信力和国家信用所必需的。特别是在外商看来，他们总是同某些具体的政府工作人员打交道的，总是同某个具体的地方政府洽谈的，这些政府工作人员和地方政府的违法失信行为，或索贿行为，不可避免地会损害国家的形象。

最后，有必要对行业协会在社会信用体系建设中的作用再做一些分析。行业协会、商会是社会中介组织，它们在建设社会信用体系方面可以发挥更大的作用，如推动行业的自律和行业的自我管理，开展本行业内企业互信、互律、互保、互贷等活动，并主动承接政府某些职能的转移，填补政府职能转变后所出现的空缺。在本行业的部分企业甚至多数企业遇到各种原因造成的信用方面的损失时，行业协会、商会可以代表行业和行业成员的权利，反映行业的诉求，维护行业的权益。同时，行业的发展较快，新行业不断出现，应当推动新的行业协会、商会的筹建。筹建行业协会、商会的原则应当是：自愿发起、自选会长、自筹经费、自聘人员、自主会务。总之，为了增强企业的自律性，支持和鼓励民营企业的发展，提高民营企业家的素质，为了建设完善的社会信任体系，行业协会是可以发挥更大作用的。

结束语

我相信，读者在阅读了本书的前言和以上七章之后，大多会对经济学界是否应当研究习惯与道德调节问题有一个肯定的回答：应当进行这方面的研究。

照理说，道德、伦理问题本身并不是经济学的研究对象，经济学是不专门讨论这一领域的问题的，经济学关心的主要问题是资源的配置。资源配置的有效程度直接影响效率的高低与升降，进而关系到社会经济运行的正常与否，关系到社会生活水平的增长与否，因此，长期以来引起经济学界注意的主要问题一直是：

（1）在一定的生产力条件下，什么样的经济制度或经济体制可以使资源的配置较为有效，使社会经济的运行较为正常，以及使社会生活水平得以较快地增长？

（2）在一定的经济制度或经济体制之下，通过哪些调节方式或手段可以使资源的配置较为有效，使社会经济的运行较为正常，以及使社会生活水平得以较快地增长？

（3）在一定的生产力条件下，如果说某种经济制度或经济体制比现行的经济制度或经济体制较有助于资源的有效配置、社会经济的正常运行，以及社会生活水平的增长，那么，怎样才能从现行的经济制度或经济体制过渡到该种经济制度或经济体制呢？

（4）在一定的经济制度或经济体制之下，如果说某种调节方式或手段比现在采用的调节方式或手段较有利于资源的有效配置、社会经济的正常运行，以及社会生活水平的增长，那么，怎样才能从现在采取的调节方式或手段转变为该种调节方式或手段呢？

经济学家所关心的和研究的这些问题，正是包括伦理学家在内的其他学者不研究的。每一门学科都有自己的特定研究对象、研究课题。

然而，正如本书中已经阐明的，对资源配置、社会经济运行，以及社会生活水平发生作用的，不仅仅是市场力量和政府力量，而且还有习惯与道德力量；能够使资源配置较为有效，使社会经济运行较为正常，以及使社会生活水平得以增长的，不仅仅是市场调节和政府调节，而且还有习惯与道德调节。这样，一直关心资源配置、社会经济运行和社会生活水平的经济学界，就不可能不涉及对习惯与道德调节在经济中的作用的研究。从这个意义上说，经济学家对习惯与道德调节的研究同他们对市场调节、政府调节的研究一样，都是为了把资源配置、社会经济运行和社会生活水平增长问题研究得更深入、更透彻，也更接近于客观实际。这些研究显然可以被列为经济学的任务，至少可以认为这是经济学家和伦理学家共同的研究任务。

单凭习惯与道德力量对资源配置、社会经济运行和社会生活水平增长的重要作用来判断，就已经有足够的理由说明经济学界应当研究习惯与道德调节问题了。如果我们再从以下两个角度对这个问题进行考察，那将会有进一步的认识。这两个角度是：第一，从经济学的使命的角度来考察；第二，从经济学研究层次的角度来考察。

先谈谈经济学的使命。我在《社会主义政治经济学》一书中这样写道：

"学习了经济学之后，应当了解在经济中什么是'值得向往的'、'应该争取的'，什么是'不值得向往的'、'不应该争取的'。具体地说，学习经济学，是为了明辨经济中的是非，明确应该肯定什么，应该否定什么。因为只有这样，才会有方向，有是非感。这就是经济学的社会启蒙作用。

......

学习了经济学，并且在明确了什么是'值得向往的'、'应该争取的'之后，就应该进一步去了解，为了使那种'值得向往的'或'应该争取的'目标得以尽快地实现，应该怎么做，应该做些什么。这就是经济学的社会设计作用。"①

因此，我把经济学定义为社会启蒙和社会设计的科学。根据这样的定义，我们可以十分清楚地了解到，道德规范、伦理标准、是非判断等，不仅在经济生活中有着重要作用，而且在经济研究中也有着重要作用。要知道，经济学中的规范研究和实证研究都是不可缺少的，各有各的适用范围，但经济学的规范研究之所以不同于实证研究，关键在于规范研究涉及了是非判断，而是非判断往往是实证研究的前提。假定通过经济学的规范研究已经明确某种经济行为在道德上是应当予以肯定的或应当予以否定的，那么对这种经济行为的实证研究才更有意义。也就是说，只有在既定的是非判断的前提下，经济学的实证研究才能同规范研究一起，发挥应有的社会启蒙和社会设计的作用。

从宏观的角度来看，经济学作为社会启蒙的科学，告诉人们应

---

① 厉以宁：《社会主义政治经济学》，商务印书馆 1986 年版，第 532 页。

当怎样评价一种制度或体制，应当制定什么样的社会发展目标，并告诉人们如何去实现这一社会发展目标，包括激发人们的积极性、创造性，自觉地为这一目标的实现而努力。道德力量在这方面的作用是充分体现于人们的这种自觉性之上的。经济学作为社会设计的科学，告诉人们怎样把应当争取的社会发展目标变为现实，提出切实可行的实施方案。但这仍然离不开经济学中的是非判断，因为如果不能说明什么样的社会发展目标是应当争取的，实施方案又有什么意义呢？

接着，让我们来分析一下经济学研究的层次，并由此说明经济学研究中重视道德力量的作用的必要。

关于这个问题，我在《体制·目标·人：经济学面临的挑战》一书中曾说过：

"我们之所以把'体制'、'目标'、'人'这三个研究层次的问题称做时代所提出的重大研究课题，从科学技术迅速发展的角度来看，是因为其中每一个层次反映了科学技术同社会经济变化之间的特定方面，每一个层次的研究都与科学技术的发展直接有关。

以'体制'的研究为例。什么样的经济体制能有效地配置资源，以促进科学技术的发展？科学技术的不断发展又将对经济体制提出哪些新的要求？科学技术发展过程中，经济体制将会朝着什么方向演变？……

以'目标'的研究为例。考虑到科学技术的发展，在发展目标方面应当如何把经济上的要求与社会上的要求联结在一起？企业单位在制定目标时，应当如何趋于现实化，以适应科学技术发展的形势？……

以'人'的研究为例。在科学技术日益发展的条件下，福利的含义会有什么样的变化？如何认识生活质量问题？怎样才能使科学技术的发展真正有益于人的发展，而不至于把人变成科学技术发展的牺牲品？……"①

在三个研究层次中，"人"这个层次被看成是最高层次。在1949年以后的很长时期内，在"标准的旧文化"依然存在而"改装的旧文化"却不断支配着人们的行动、腐蚀着人们的思想的年代里，对"人"的研究是一个禁区，不容许讨论与"人"有关的理论问题。在《体制·目标·人：经济学面临的挑战》一书中，我写道：

"难道'饿不死人'就是福利的含义么？人们能有维持最低生活标准的消费品就行了么？劳动者的生活只要同解放前吃糠咽菜的日子回忆对比就理应满足，不必再提出生活质量提高的要求了么？这究竟是一种什么样的逻辑呢？禁欲主义决不是社会主义的道德规范，起码的生活标准也决不应当成为劳动者不可逾越的界限。何况，在史无前例的那些年内，不少违背人民利益、革命利益的事情，正是'以人民的名义'或'以革命的名义'进行的。'以人民的名义'向劳动者宣传禁欲和要求他们在生活上一再克制的人，总是那么理直气壮，振振有词。'以革命的名义'大肆挥霍国家财产的人，总是那么心安理得，处之泰然。你们吃苦，是为了'人民的利益'；他恣意享受，也是为了'人民的利益'。为了把当时的现实生活中所存在的这一切说成是合理的，愚民政策显然不可缺少。在这种意识形态的统治下，哪里还谈得上提高居民的生活质量，谈得上实现社会主义生产目的呢？"②

---

① 厉以宁：《体制·目标·人：经济学面临的挑战》，黑龙江人民出版社1986年版，第12页。

② 同上书，第314—315页。

　　由此可见，经济学研究必须把对人的关心、尊重、培养放在突出的位置上：经济学中许多带有根本性的问题，只有提到"人"这个层次来考察时，才能最终说明。不仅如此，我们还应当懂得，经济学研究是由"人"来进行的，"人"既是经济学研究的主体，又是经济学研究的对象。换言之，经济学研究是"人"对"人"的研究，前一个"人"是指经济学研究的主体，后一个"人"是指经济学研究的对象。但无论是前一个"人"还是后一个"人"，都是"社会的人"，是一个生活在现实社会中，有自己的思考、自己的抱负、自己的喜怒哀乐的人，也是一个有自己的是非判断、自己的取舍、自己的经验和教训的人。同时，他总是生活在一定的群体之中，是这个或那个群体中的一员，他要同群体相协调，要同周围的人共处，还要在与群体认同的基础上为实现群体的目标而努力。道德力量对作为经济学研究主体的"人"和作为经济学研究对象的"人"不断地施加影响，调整他们的观念，调整他们的行为。不研究道德力量在经济中的作用，"人"这个层次的问题显然不可能说清楚，即使是"体制"这个层次的问题或"目标"这个层次的问题，也可能不易得到正确的、深刻的解释。这就表明经济学研究不能回避道德伦理的研究。

　　的确，我衷心地希望读者们同我一起来推敲，以便再版时修改、充实。